长缨缚波

——焦作黄沁河2021年罕见长汛实录

焦作黄河河务局 编

黄河水利出版社

· 郑州 ·

U0171878

图书在版编目（CIP）数据

长缨缚波：焦作黄沁河2021年罕见长汛实录 / 焦作
黄河河务局编. —郑州：黄河水利出版社，2022.7
ISBN 978-7-5509-3326-2

Ⅰ. ①长… Ⅱ. ①焦… Ⅲ. ①沁河—防洪—概况
Ⅳ. ①TV882.1

中国版本图书馆 CIP 数据核字（2022）第 119354 号

出 版 社：黄河水利出版社　　　　　　　　　网址：www.yrcp.com
　　　　　地址：河南省郑州市顺河路黄委会综合楼14层　邮政编码：450003
发行单位：黄河水利出版社
　　　　　发行部电话：0371-66026940、66020550、66028024、66022620（传真）
　　　　　E-mail：hhslcbs@126.com
承印单位：河南匠之心印刷有限公司
开本：787 mm×1 092 mm　1/16
印张：15.25
字数：228千字　　　　　　　　　　　　　　　印数：1— 1 000
版次：2022年7月第1版　　　　　　　　　　　印次：2022年7月第1次印刷

定价：78.00元

长缨缚波
——焦作黄沁河2021年罕见长汛实录
编　委　会

策　　划：李　杲　　方祖辉

主　　编：李怀前

顾　　问：陈维达

副 主 编：陈　静　　杨保红　　王书会

编辑人员：杨保红　　田　甜　　范丹丹　　郝梦丹

　　　　　王　浩　　李冰倩　　王　鸽

前 言

2021，是不同寻常的一年，历时百日的沁河长汛、罕见的黄河秋汛，注定要在治黄史上写下浓重一笔。9月下旬以后，黄河干流9天内发生3次编号洪水，焦作黄河干流洪水连续24天维持在4 800立方米每秒左右的量级，支流沁河来水为多年同期的5.9倍，最大洪峰流量为2 000立方米每秒，是有实测记录以来同期最大洪水……

面对长历时、大流量、高水位的历史罕见汛情，担负着黄河、沁河两副防汛担子的焦作黄河河务局，经历了严峻的考验。在黄河水利委员会、河南黄河河务局和焦作市委、市政府的正确领导下，全局上下坚决贯彻习近平总书记关于防汛救灾工作重要指示精神，认真落实李克强总理批示要求，把洪水防御工作作为重大的政治任务。先后6次启动全员岗位责任制，5次启动防洪运行机制，全体干部职工坚持"人民至上、生命至上"，发扬伟大抗洪精神，视汛情如命令、把河道当战场、将堤坝作阵地，快速反应，严防死守，连续作战，与时间赛跑、和洪水搏击、同寒冷较量、向极限挑战，有力、有序、有效抢护各类险情，充分展现了新阶段"黄河铁军勇士"的责任担当，把对党和人民的忠诚书写在防汛抗洪的战场上，确保了焦作黄沁河安全度汛，保障了人民群众生命财产安全，实现了"不伤亡、不漫滩、不跑坝"的防御目标，赢得了黄沁河洪水防御战的全面胜利！

为更加深刻真实且艺术性地记录本年度洪水防御工作，留存2021年黄沁河罕见长汛记忆，焦作黄河河务局党组决定编撰《长缨缚波——焦作黄沁河2021年罕见长汛实录》一书。本书内容分为随想、媒体链接、日志三部分，真实、详细地记录了2021年焦作黄河防御秋汛洪水的全过程，充分体现了干部职工对2021年罕见长汛的所思所想，以及工作需要改进的方面。

　　由于编撰出版这本书时间紧、任务重，参与编撰出版的同志废寝忘食、忘我工作，谋划全书框架，完善章节设置，搜集图片资料，提升文稿质量，使本书在较短时间内得以完成，全景式呈现焦作黄河防御秋汛洪水的情况，记录历史，鼓舞当代，激励后人。由于编撰人员经验有限，时间仓促，错误疏漏之处在所难免，恳切希望各位读者批评指正。

编 者

2022年4月

目 录
CONTENTS

媒体链接

长缨缚波

日　志

鏖 战

——焦作河务局战胜黄沁河2021年罕见长汛综述

◎焦作河务局党组书记、局长　李 杲

护河安澜，造福人民，是治黄人的永恒初心和崇高使命。在2021年特殊的汛期里，焦作河务局❶上下共同经历了沁河超常洪水和罕见黄（沁）河秋汛洪水的严峻考验，展开了惊心动魄的艰苦斗争，夺取了抗洪抢险的全面胜利，续写了岁岁安澜的恢弘篇章。

一、勇挑重担，不辱使命，2021年焦作黄沁河洪水防御工作取得全面胜利

2021年是中国共产党成立100周年，是"十四五"开局之年，也是深入推动黄河流域生态保护和高质量发展的关键之年。确保防汛安全，事关区域经济社会稳定发展，事关重大国家战略顺利推进，事关人民群众生命财产安全，意义特殊，使命光荣，责任重大，容不得半点闪失。

在黄河水利委员会（简称黄委）、河南黄河河务局和焦作市委、市政府的正确领导下，全局上下坚决贯彻习近平总书记关于防汛救灾工作重要指示精神，认真落实李克强总理批示要求，把洪水防御工作作为重大的政治任务。全体干部职工坚持"人民至上、生命至上"，发扬伟大抗洪精神，视汛情如命令、把河道当战场、将堤坝作阵地，快速反应，严防死守，连续作战，与时间赛跑、和洪水搏击、同寒冷较量、向极限挑战，有力、有序、有效抢护各类险情，充分展现了新阶段"黄河铁军勇士"的责任担当，把对党和人民的忠诚书写在防汛抗洪的战场上，确保了焦作黄沁

---

❶ 焦作黄河河务局简称为焦作河务局，全书同。

河安全度汛，保障了人民群众生命财产安全，实现了"不伤亡、不漫滩、不跑坝"的防御目标，赢得了黄沁河洪水防御战的全面胜利！

回顾2021年汛期，我们面对的防汛形势极其特殊、极其复杂、极其严峻。一是频次密、雨量多。7月沁河流域发生两次强降雨过程，累计面雨量达346.6毫米，累计最大点雨量窑头站941毫米；8月下旬以来，黄河中游发生了8次强降雨过程，雨区主要集中在泾渭洛河、汾河、沁河、伊洛河，累计面雨量396毫米，较常年同期偏多2.3倍，为1961年以来同期最大。二是洪水洪峰高、洪量大。黄河干支流洪水并发。潼关站最大洪峰流量8 360立方米每秒，为1934年以来同期最大，洪量达75.1亿立方米；花园口站发生1996年以来最大洪水；伊洛河、沁河最大洪峰流量分别为2 970立方米每秒、2 000立方米每秒，来水分别为多年同期的5.7倍、5.9倍，均为1950年以来最大。三是河道流量大、历时长。我市黄河河道4 000立方米每秒以上大流量过程持续约25天，沁河下游武陟站300立方米每秒以上流量过程持续约33天，为有实测记录以来持续最长时间。四是防守任务重、险情多。受大流量、长历时洪水持续影响，河道工程险情多发频发，除险加固398次，抢险用石8.5万立方米，为多年均值的5倍。

回顾2021年汛期，我们整个洪水防御部署有方、举措有力、落实有效：

一是落实行政首长防汛责任。市委、市政府主要领导多次专题听取黄沁河汛情汇报，经常深入一线、靠前指挥，大洪水期间，多次主持召开防汛会商和全市防汛会议，研判防汛形势，部署防汛工作，及时补充抢险消耗物料；沿河各县（市）在工程一线成立防汛抢险前线指挥部，由县长或主管县长坐镇指挥，防指成员单位协同作战，统筹协调调度秋汛防御工作；沿黄乡（镇）加大防洪避险宣传，组织群防队伍进行巡堤查险、滩区巡查和上堤入滩卡点值守。武陟县建立了"三长四班六有"的工作模式，发挥了积极作用。

二是发挥防指应急统筹作用。深化防汛管理体制效能发挥，用好防指机构平台，建立完善市政府、市防汛抗旱指挥部（简称市防指）及应急、水利、水文、气象等部门的沟通协作机制，高效防汛责任落实和防汛指令执行。防汛应急响应期间，市防汛抗旱指挥部办公室（简称市防办）每日组织气象、水文、应急、水利、河务等部门进行会商，发布会商通报，提出工作建议，推进解决涉水安全、石料补充、夜间照明、后勤保障等重点难点问题。

三是强化河务技术支撑力量。焦作河务局共启动6次全员岗位责任制，5次防洪运行机制，全员取消中秋节、国庆节和周末休假。市局领导班子带领6个工作组20名科级干部驻守一线56天，市县局机关及二级机构下沉850人次29天，9个职能组高效运转91天；683名专业巡查人员上堤防守，优选18名防汛专家组成"巡查防守专责专家组"，对各县（市）巡查防守工作进行技术指导，精准开展除险加固；完善24小时"1+6+16"防汛视频会商系统，打通省、市、县、一线班组四级会商通道，及时传达各级防汛指令和要求，会商研判防汛部署，将工作要求落实在一线，累计收发处理防汛指令540余份，收集分析水位观测数据1.9万余组，编制各类报告、报表2 000余份，发布水情信息10万余条，报送险情信息398条，收集整理影像资料近1 300份。

四是发挥成员单位防汛合力。防指成员单位高效协同，共筑安全防线。公安部门及时发布交通管制令，落实关键进滩和上堤路口交通管制246处，严防无关车辆和人员进入；通信部门在大洪水期间，发布预警短信3 600万条，在信号不好的防洪工程处安排通信保障车；电力部门在34处重点防守工程架设电力线路25.2公里、布设路灯130处，消防、武警预置抢险救援队伍668人，部队备勤200人。

五是严格落实群防群控机制。沿黄各县（市）构筑了县、乡、村三级黄河防汛力量体系，专业防汛力量与社会防汛队伍、群众防汛队伍有机融合，成立由河务、消防救援、群防队伍组成的多支一线抗洪抢险突击队，专业及群防人员坚守一线、昼夜巡查防守；逐坝段落实巡查技术人员和群防队伍；预置基干民兵、群防队伍作为后备抢险力量，形成了分梯次、多层次的群防群控体系，有效保障险情及时发现、及时抢护，做到了巡查不

鏖战

003

难忘的2021年汛期
——焦作黄沁河2021年罕见长汛实录

缺位、防守不断档。

回顾2021年汛期，我们攻坚克难完成了任务、实现了目标、锻炼了队伍。一方面，全面战胜了多场洪水防御。完成了黄河调水调沙各项任务，战胜了"7·11"丹河洪水、"7·23"沁河洪水等超常洪水，有效处置"8·22"暴雨，决胜历史罕见黄沁河秋汛，实现了"不伤亡、不漫滩、不跑坝"的防御目标。另一方面，大幅提升了防大汛的团队意识和抢险能力。一个多月的风雨同舟、同甘共苦，机关与基层、河务与地方的感情进一步加深，"焦作黄河一盘棋"的思想基础进一步夯实，特别是全员防汛的团队意识牢固树立起来了。大家普遍认识到，洪水当前，每一个岗位都是战斗岗位，每一个部门（单位）都责无旁贷。同时，抢险实战也是最好的课堂，在防御洪水的过程中，决策部署、工程防守、舆论引导、后勤保障等各方面都经受了检验，得到了全周期实战磨炼，全面提升了防汛工作能力和水平。

沧海横流，方显英雄本色。在十分艰难的条件下，我们历经千辛万苦、一路闯关夺隘，全面稳住了防汛形势，成果来之不易。这场抗洪斗争，是黄河重大国家战略实施以来，对焦作黄河防汛工作的一次总动员、大检阅，是一场具有标志性意义的重大胜利，必将激励我们以更加坚定的信心，排除万难去争取幸福河建设的更大胜利。

二、系统梳理，科学归纳，从防御秋汛洪水的实践中总结成功经验

在黄委秋汛防御总结表彰大会上，汪安南主任全面系统总结了五个"必须持续推进"的宝贵经验，即"必须持续推进行政首长负责制更加有实有效，必须持续推进防御力量从专业单元到群防群治拓展，必须持续推进防御任务从总体要求到责任落实细化，必须持续推进防御措施从被动抢险转到主动前置抢险，必须持续推进防御目标从险工险段到全线全面防御延伸"。这是对黄河秋汛防御工作的深度总结和高度概括，是全河秋汛洪水防御共性经验。

在河南黄河秋汛防御总结表彰大会上，张群波局长对河南黄河抗洪抢险工作进行了总结：坚持党的领导是取得抗洪抢险胜利的根本保证；行政首长负责制的有效落实是取得抗洪抢险胜利的核心关键；较为完善的防洪工程体系是取得抗洪抢险胜利的坚强基石；科学调度应对是取得抗洪抢险胜利的有效手段；坚持群防群控是取得抗洪抢险胜利的可靠力量；各级各部门团结协作是取得抗洪抢险胜利的有力保障。

对焦作黄河抗洪抢险工作来说，还有以下认识和体会：

一是行政首长负责制落实有力。在2021年沁河大洪水和严重秋汛洪水防御过程中，以行政首长负责制为核心的各项防汛责任制得到有效落实和充分体现。沿黄各级党委政府放弃休假、到岗到位，切实扛起主体责任和属地责任；主要领导靠前指挥，分管领导分片包段，抓实抓细各项抗洪抢险措施；沿黄各县（市）在靠河工程成立前线指挥部，组织群防队伍，调运设备，指挥抗洪抢险；地方党委政府克服财政困难，紧急安排防汛石料补充，满足抢险加固需要；专业部门、防指各成员单位及应急救援力量通力协作，全力开展防御工作。

二是工程巡查有力有序。落实省防指"指挥长4号令"精神，坚持"重兵把守、全线压上"，按照1∶3比例配足巡堤查险力量，一天四班，开展24小时不间断巡坝查险。沁河"9·27"洪水中，堤防偎水长度达98公里，共组织11 877人的群防队伍，12座沁河涵闸每处落实150人的护闸队开展巡查防守；秋汛洪水防御中，共有6 315名群防人员直接参与了工程一线巡查，做到了险情早预判早发现早处置。这是确保"防住为王"的一项关键举措。

三是除险加固前置主动。2021年洪水防御中，立足"谋在河势变化之前，抢在险情发生之初，护在工程重点部位"，下先手棋、打主动仗，变以往的"险在前、抢在后"为"防在前、抢在初"，不间断开展工程隐患排查，第一时间进行除险加固；从点到线、从线到面科学配置防守力量、抢险设备，层层落实交通运输、后勤保障等应对措施，做到抢早、抢小、抢住，有效预防了较大以上险情的发生，为抗洪抢险胜利奠定了坚实的工

鏖战

005

——难忘的2021年汛期
焦作黄沁河2021年罕见长汛实录

程基础。

四是防御力量多层完备。牢固树立"一盘棋"思想，建立了"政府领导、应急统筹、河务支撑、部门协同、群防群控"的防汛机制，充分调动各方力量，形成防汛强大合力。在各级党委政府的领导下，各成员单位各司其职、通力协作，全力抗洪；沿黄县区构筑县、乡、村三级黄河防汛力量体系，专业防汛部门与社会防汛力量、群众防汛力量有机融合，河务、群防队伍、民兵预备役组成多支一线抗洪抢险突击队，坚守一线、昼夜巡查防守；驻焦部队、消防救援、社会应急救援等作为后备抢险力量，形成了分梯次、多层次的群防群控体系。

五是防汛督查严密全面。市委、市政府防汛联合督导组、市防指黄河防汛联合督导组、焦作河务局防汛督导组，采取"四不两直"、突击夜查等形式，围绕不同时期的工作重点，聚焦防汛责任落实、巡堤查险、石料采运、交通管制、夜间照明等关键环节进行督查落实，有力推进解决涉水安全、石料补充、夜间照明、后勤保障等重点难点问题。

六是党建引领，激发动能。充分发挥党员的先锋模范作用，在河道关键河段、防汛重要位置成立一线临时党支部6个，下设党小组17个，组建党员突击队19支、党员志愿服务队11支；明确岗位职责，设置巡查值守、隐患排查、汛情宣传、物资保障等党员示范岗，全局300余名党员认领岗位，做到专岗专人专责；用实际行动诠释"一个支部一座堡垒，一名党员一面旗帜"的誓言，把党的政治优势、组织优势、密切联系群众优势转化为防汛救灾的强大政治优势，汇聚起抗洪抢险救灾强大力量，筑起一道道"红色堤坝"。

三、再接再厉，勇毅前行，沿着习近平总书记指引的方向不断提高防洪减灾综合防御能力

2021年10月22日，习近平总书记主持召开深入推动黄河流域生态保护和高质量发展座谈会，发出了"为黄河永远造福中华民族而不懈奋斗"的新号令，把"加快构建抵御自然灾害防线"列为"十四五"推动黄河重

大国家战略实施的五大任务之首，并做出周密部署，为我们做好黄河防汛工作指明了方向，提供了根本遵循，全局上下必须全面准确领会，认真抓好贯彻落实。

一要坚定不移践初心，增强保障焦作黄河安澜的责任感、使命感。习近平总书记指出："洪水风险依然是流域最大威胁。"黄河流域生态保护和高质量发展首先要确保的是黄河安澜。随着全球气候变化影响，焦作黄河发生超标准洪水的可能性依然存在，形势严峻。从2021年汛期几次洪水过程可以看出，防洪保安任务艰巨。我们必须清醒地认识到，随着重大国家战略的深入推进，黄河流域在新发展格局中的战略支撑地位日益凸显，同等量级洪水灾害造成的社会影响和经济损失较以往更大；而焦作黄沁河情况复杂，任务艰巨，我们必须保持如履薄冰、如临深渊、戒慎恐惧的心态，从最不利的情况出发，未雨绸缪做好防大汛、抗大洪、抢大险、救大灾的各项准备，坚决避免焦作黄沁河防洪发生系统性风险，以实际行动做到"两个维护"。

二要传承精神扬作风，锻造守护焦作黄河安澜的铁军勇士。在黄河秋汛防御总结表彰大会中，汪安南主任强调：我们不但收获了这场斗争的全面胜利，而且在传承中丰富了黄河精神的时代内涵，彰显了坚决做到"两个维护"意识，彰显了全河一家团结奋斗精神，彰显了强大卓越治黄专业精神，彰显了可歌可泣无私奉献精神。这"四种精神"，体现了新时代黄河人的精神风貌，是黄河保护治理事业的宝贵精神财富，是全局深入推动新阶段焦作黄河保护治理高质量发展的不竭动力和底气。在2021年的洪水防御斗争中，全局广大干部职工用实际行动表明，听党话、跟党走的红色基因永不褪色，治理水患、造福人民的信心决心坚定如磐，特别能吃苦、特别能战斗的作风代代相传。我们必须持之以恒大力弘扬、凝聚精神力量，与强化党的建设、弘扬伟大建党精神紧密结合，与保护传承弘扬黄河文化紧密结合，加强正向激励导向，营造昂扬向上工作氛围，全面激发干事创业活力，打造敢打硬仗、善打大仗、能打胜仗、作风优良的"焦作黄河铁军勇士"。

三要查漏补缺固根基，补好焦作黄河防洪基础设施短板。在深入推动黄河流域生态保护和高质量发展座谈会上，习近平总书记明确要求补好防灾基础设施短板。我们要结合近年来的抗洪实践进行梳理研究，对历史欠账和现实短板做到心中有数、手上有账、推进有策。要分清轻重缓急、突出工作重点，加快推进黄河下游"十四五"防洪工程、黄河下游引黄涵闸改建、温孟滩防护堤加固工程，进一步完善焦作黄河防洪工程体系，不断提升工程强度和韧性，确保堤防不决口。

四要提升能力强保障，健全焦作黄河防洪非工程措施。一是提升组织保障能力。2021年洪水防御过程中创立的"政府领导、应急统筹、河务支撑、部门协同、群防群控"的防汛抢险机制，在巡查防守、险情抢护、料物补充、队伍设备预置等工作中发挥了重大作用，以行政首长负责制为核心的各项防汛责任制得到充分落实，各级要运用好这一新机制，更好地开展防汛工作。二是提升应急保障能力。切实加快焦作黄河防汛专业队伍与防汛物资仓库建设，加强与应急部门、驻焦部队等沟通对接，保障防大汛、抢大险的需要。三是提升专业支撑能力。加大专业人才培养力度，实现技术传承、创新和人才可持续发展；加强抢险专业队伍培训及技能演练，提高抢险实战能力，打造一支"拉得出、上得去、打得赢"的防汛抢险队伍。四是提升数字测报能力。按照"需求牵引、应用至上、数字赋能、提升能力"要求，以数字化、网络化、智能化为主线，加强信息化监测技术的推广应用，建立工程水位、河道、河势、工情险情、漫滩洪水等自动监控体系，配合做好河南黄河"四预"一体化平台建设、数字孪生黄河建设，构建"智慧焦作黄沁河"，不断提高信息化支撑水平。

五要总结经验促规范，提高焦作黄河洪水防御标准化科学化水平。要对管理体制、运行机制和关键举措等进行认真总结，通过提炼、升华，形成可供推广的管理规范和制度体系，不断提高防汛规范化水平。2021年黄河秋汛洪水过程原型资料极其珍贵，一线观测、一线巡查掌握了大量第一手资料，要及时归纳整理，对水情、工情、险情、河势变化等方面的全要素观测资料进行分析，不断提升洪水防御工作科学化水平。要及时收集图文、影像资料，秋汛洪水防御过程中，决策部署、会议会商、督查指导多，工程巡查、抗洪抢险规模大，防汛宣传形式广，形成了大量资料，各级要注意分类收集整理，为防汛总结、项目申报等提供支撑。

凡是过往，皆为序章。征途漫漫，唯有奋斗。虽然2021年艰巨繁重的洪水防御工作已结束，但保障焦作黄河长治久安、实现新阶段焦作黄河保护治理高质量发展的征程依然任重道远。让我们以奋发有为的精神状态、不负韶华的时代担当、干在实处的决心意志、走在前列的不懈追求，有效应对重大挑战，抵御重大风险，解决重大问题，进一步提升新阶段焦作黄河水旱灾害防御水平，咬定目标、脚踏实地，埋头苦干、久久为功，为黄河永远造福中华民族而不懈奋斗！

长缨缚波

——焦作黄沁河 2021 年罕见长汛实录

随

S U I X I A N G

想

难忘的 2021 年汛期

——2021 年焦作黄沁河防汛工作随笔

◎焦作河务局副局长　李怀志

2021 年注定是个特殊年份，中国共产党 100 周年华诞、国家"十四五"规划开局、黄河流域生态保护和高质量发展从规划进入实施阶段、面对严峻的新型冠状病毒肺炎疫情防控形势等，所有这些对于我们国家、对于我们治黄人都是不寻常的。作为负责焦作市境内黄沁河的治理、开发与管理工作的主管部门，守护黄沁河岁岁安澜是河务部门的天职。2021 年的这个汛期，让我觉得不同寻常，极为特殊。

参加工作 35 年来，经历过多次黄沁河大洪水，比如"96·8"、2003 年"华西秋雨"等，但除了 1982 年 8 月（当时我还在读高一）的那场沁河洪水外，最难忘的、印象最深、感触最深的就是今年了。今年的黄沁河防汛工作，黄河加沁河，伏汛加秋汛，汛期之长、流量之大、洪量之大、防汛准备之扎实、防守措施之得力、取得成效之完美，都值得我们好好总结和回味。

2021 年，在焦作黄沁河防汛抢险史上必将是具有标志性意义的一年。这场洪水，各级防汛指挥机构、各级人民政府高度重视、周密安排部署，取得了防汛工作的全面胜利，行政首长负责制从有名到有实；这场洪水，创新开展了多项防汛工作，全面检验了黄沁河防洪工程的防洪能力，堤防、险工、水闸、控导工程没有发生较大以上险情，安全度汛；这场洪水，是继 1982 年以来最大的一场洪水，支流逍遥石河洪峰流量 450 立方米每秒，安全河洪峰流量 90 立方米每秒，丹河洪峰流量 1 170 立方米每秒，沁河武陟站洪峰流量 1 510 立方米每秒和 2 000 立方米每秒；这场洪水，洪水历时最长，洪量最大，重新塑造了沁河河道，马铺畸形河势极大改善，尚香窄河道得以展宽，下游河槽整体受到了冲刷和展宽，主槽过流能力得到明显提高；这场洪水，来猛去速，冲刷力之强，破坏力之大，较沁河1982年那场洪水有过之而无不及。丹河上房屋倒塌、线路中断、公路冲断、滩岸坍塌严重，沁河入黄处西营便民桥、穿王园线沁河桥被冲断50余米，因河势变化，多年不靠河的花坡堤发生了险情；这场洪水，小浪底、河口村、陆浑、故县四个水库联合调度，精准调节，承担着超汛限水位运行的风险，确保了花园口站流量不超过5 000立方米每秒，保证了下游滩区的安全；这场洪水，各级组织对一线职工无微不至的关怀慰问，极大地鼓舞了士气，提振了全体员工的战斗激情；这场洪水，留给我印象最深刻的还有"7·11"程存虎副局长带领的工作组冒着瓢泼大雨深入各个关键点位督导防汛、虽穿雨衣胶鞋浑身仍被淋透也在所不辞的场景……

所有这些，都值得我们好好回顾，认真总结，以期提高。

一、汛情回顾

（一）7月丹河、沁河洪水

今年7月10日8时至11日8时，沁河支流丹河流域普降大到暴雨，局部大暴雨，11日15时54分丹河山路坪站出现洪峰流量1 170立方米每秒，为1957年以来最大流量。进入沁河后，由于沁河上游没来大水，再加上河道槽蓄削峰的影响，到达武陟站的洪峰流量仅为368立方米每秒。14日4时，洪水平稳入黄。

7月19~23日，因沁河流域普降大到暴雨，局部大暴雨，导致沁河干流支流逍遥石河、安全河、丹河及沁河下游水位持续上涨，河口村水库最高超汛限水位（高程238米）24.09米。7月22日15时32分山路坪站出现洪峰流量1 020立方米每秒，7月23日15时河口村水库下泄流量最大达到1 020立方米每秒，逍遥石河最大流量450立方米每秒，安全河最大流量90立方米每秒。受产汇流影响，7月23日3时12分武陟站出现了1 510立方米每秒洪峰流量。7月25日22时进入退水过程，武陟站流量回落到 1 000 立方米每秒以下。8月2日22时起，河口村水库出库流量按15立方米每秒下泄。

（二）9月黄沁河洪水

今年9月下旬，受极为罕见的"华西秋雨"影响，黄河支流渭河、伊洛河、沁河、汾河普遍涨水，因洪峰叠加，导致黄河河道水势骤涨。9月27日至10月5日，在不足10天的时间内，黄河中下游发生了3场编号洪水，小浪底水库水位不断升高。为保证水库运行安全，减轻下游防洪压力，实现河南省提出的黄河"不伤亡、不漫滩、不跑坝"的目标，小浪底水库以50立方米每秒、调度精度高于1%的精度进行调度，最大限度地控制下游花园口流量不超过5 000立方米每秒。此次秋汛，小浪底水库超最高控制运用水位270米运行15天左右，10月9日20时水位达建库以来最高273.5米；黄河下游花园口站4 000立方米每秒以上大流量过程持续约25天。

受强降雨的影响，9月下旬至10月上旬，沁河上游来水持续增多。9月25日至28日，山里泉站出现600立方米每秒以上长历时大流量过程，26日15时最大流量达2 210立方米每秒，河口村水库下泄流量自25日20时起逐步增大，9月26日18时达最大下泄流量1 835立方米每秒，持续17.5小时。沁河下游武陟站流量持续上涨，9月27日15时24分洪峰流量达2 000立方米每秒，为1982年以来最大；10月6日，沁河上游水势再次上涨，22时起，河口村水库下泄流量由300立方米每秒逐步加大，10月7日18时最大下泄流量达1 100立方米每秒，持续17.5小时。沁河下游武陟站于10月8日16时洪峰流量达1 230立方米每秒。此次洪水过程中，河口村水库库水位最高超汛限4.89米，沁河下游武陟站300立方米每秒以上流量过程持续约33天。10月24日，黄河小浪底水库、沁河河口村水库库水位均已降至汛限水位以下，黄河下游花园口站流量回落至2 000立方米每秒以下。10月26日，沁河下游武陟站流量回落至100立方米每秒左右，黄沁河水势趋于平稳。

本次洪水期间，南水北调穿沁工程以下全线漫滩，南水北调穿沁工程以上部分低滩漫滩，滩区淹没面积5万亩❶；左岸堤防偎水65%，偎水长度46.50公里，偎堤水深0.1~2.5米；右岸堤防偎水58%，偎水长度44.90公里，偎堤水深0.3~1.8米。

二、几点感悟

（一）充分的防汛准备是取得防汛工作全面胜利的前提

为了迎战大洪水，水利部、黄委、河南局以及河南省各级政府高度重视，层层召开防汛工作部署会，层层压实责任，层层狠抓落实，防汛人员、机械、料物到位，为取得今年防御大洪水的全面胜利奠定了扎实基础。

（二）扎实的防守措施是取得防汛工作全面胜利的关键

根据汛前徒步拉网式的隐患排查发现的问题，有针对性地制订防守措施，能消除的隐患立即消除，不能立即消除的隐患制订防守预案。为有效防范大水期间工程出现大险情，今年焦作河务局率先对那些靠大溜、根石坡度不足的工程先行进行了除险加固，效果非常明显。据统计，今年共对黄河76座工程、沁河39座工程进行了除险加固，加固用石5.46万立方米，其中用铅丝笼2.38万立方米。

（三）创新的工作方法是取得防汛工作全面胜利的助推器

今年的防汛工作，除通常的工作方法外，还在不少方面进行了创新。

一是各级领导高度重视，分级委派防御洪水工作组，进驻防汛一线，加强防汛督导，保证了防汛工作的有序有效开展。今年防御大洪水期间，黄委、省局、市局均下派了工作组开展工作。

二是防汛督查机制发挥了重要作用。针对黄沁河多年没来大水，防汛队伍容易产生麻痹思想的问题，洪水期间，水利部防御司、河南省应急厅、河南河务局监察局、焦作市市委、焦作市应急局分别成立防汛督查

---

❶ 1亩=1/15公顷，全书同。

组，在防洪一线巡回督导检查。黄委会主任、省市河务局局长不定期暗访，有力促进了防汛工作的有序开展。

三是各级机关工作人员下沉一线，承担巡堤查险、河势水位观测任务，既锻炼了队伍，增强了机关人员的防汛经历和意识，又减轻了一线职工的防汛压力和工作强度。

四是武陟县提出的"三三六"一线工作法在全市得到推广，进一步压实了各级机关的防汛责任，效果明显。这项工作机制在随后的工作中，又根据实际情况将巡堤查险的"三班八小时"工作机制改为"四班六小时"工作机制，更加体现了防汛工作"以人为本"的理念。

五是针对易出险工程河段实施抢险设备、料物预置，为抢险工作赢得了主动。洪水期间，根据汛前工程普查和工程靠河情况，对那些容易发生险情的河段，提前预置挖掘机、装载机和装满料物的自卸车，随时做好抢险准备，一旦出现险情，设备料物迅速到位，有效控制险情的发展。

六是行政首长负责制得到了充分体现。今年的防汛工作得到了地方政府的高度重视，汛前，各县均拨付防汛备料专项资金，用于补充石料等防汛料物；汛中，政府领导多次深入一线检查指导防汛抢险工作，上足上够群防队伍；汛后，针对部分工程防汛料物不足的情况，政府又组织力量进行了补充。另外，本次洪水期间，政府还安排专业部门在关键工程安装了永久的夜间照明设备，极大地方便了夜间防汛抢险等。可以说，行政首长负责制从今年真正实现了从有名到有实。

三、下一步防汛工作建议

今年的黄沁河洪水是继1982年以来洪峰流量最大的一次洪水，是继2003年"华西秋雨"以来历时最长的一次洪水，是有实测洪水以来洪量最大的洪水年份。在各级领导的高度重视下，在专业和群防队伍的共同努力下，取得了全面的胜利。在总结成绩的同时，也要充分认识、认真总结和反思工作中存在的问题和不足，以便进一步提高防汛工作水平，实现科学防汛、精准防汛。

一是进一步修订完善防汛预案,实现预案的可操作性。根据今年汛期防汛工作,找出预案中不切合实际的地方,有的放矢进行修改完善。比如发布防洪运行机制、全员岗位责任制的时机,各县、各乡镇上巡堤查险人数和设备数量,撤销防洪运行机制和全员岗位责任制的时机等。

二是探索同流量下分地段实施不同的防洪运行机制。比如,河口村水库下泄洪水,超过 500 立方米每秒时,在武陟全段大部分会漫滩偎堤,而在沁阳境内根本不会出槽,这时候就应该区别对待,不应该一刀切地按公里要求上同样的人员和设备。

三是更加精准地指导群防队伍防汛。今年汛期沁河最大洪峰流量 2 000 立方米每秒,除了武陟全部漫滩、博爱温县部分漫滩外,沁阳洪水没出槽。但是在沁阳大堤上出现了除马铺尚香等重要防守段外,其他乡镇在堤顶储备大量的装土编织袋、装柳车辆的情况,结果可想而知,根本用不上,最后还造成了编织袋老化腐烂,对环境造成污染的情况。这充分说明了我们预案的不科学性,对群防队伍指导不够。

四是加快培养专业防汛人才,主要包括现场抢险指挥人才和大型机械操作人员。本次洪水期间发生的几次险情,在现场暴露出现场指挥混乱和大型机械操作手严重短缺的情况,急需建立人才培养机制,尽快补齐短板。

五是人性化地实施封滩政策。大水期间,为了保证人民生命安全,不准老百姓进滩从事生产和非生产作业是必须的,尤其是洪水漫滩堤段,但是也要分堤段和时间段。对于那些进滩区钓鱼、玩耍等与农业生产无关的事项要一律禁止,对于那些洪水不漫滩或者洪水已消退老百姓急需抢收庄稼的情况,允许在乡镇或村委的统一组织下有序入滩作业,并在政府和县河务局备案。

六是尽快研发沁河洪水演进系统。沁河下游有丹河、逍遥石河、安全河等支流汇入,洪水期间产汇流条件复杂,准确预测洪水流经各个关键断面的洪水表现(流量、水位、漫滩情况),为行政领导提供指挥决策依据显得尤为重要。建议下步组织专班,加快研发步伐,早日完成系统研发,实现防汛指挥的精准调度、科学决策。

七是加快沁河下游河道疏浚力度。本次洪水，沁河武陟段河道由于受历史上黄河洪水倒灌的影响，河道纵比降变缓，加之主河槽较窄，导致洪水下泄不畅、滩区淹没严重，淹没面积达5万余亩，损失巨大。建议尽快对该河道实施疏浚，拓宽主河槽，增大过流能力，减少工程出险和洪水漫滩概率，降低滩区淹没损失。

黄河安危，事关大局。做好黄沁河防汛工作是我们的主责，涉及国家安全、国计民生，涉及黄河流域生态保护和高质量发展这一国家战略。我们要以今年黄沁河防汛为契机，认真总结、反思工作的经验和不足，全面提高黄沁河防汛工作水平，为推动焦作黄河流域生态保护和高质量发展，让黄河永远造福中华民族而不懈奋斗！

焦作黄沁河辛丑长汛存忆

◎杨保红

转眼在黄河上工作20多年，以往仅在2003年目睹过沁河较大洪水，其他年份总也没见到黄沁河大水。由于干旱少雨，沁河上游截流，呼吁保障沁河下游生态基流成为近些年的主流思想。当人们以为黄沁河被驯服了的时候，2021年的伏秋长汛，波惊涛怒，浊浪翻滚，黄沁河展现出汪洋恣肆的另一幅面容。

炎炎酷夏雨陡起

按照年初计划，宣传工作上半年主要围绕百年党建，下半年就要转入黄河文化建设。我需要配合筹划几个黄河文化景观建设，谋划作家采风活动，收集整理黄河民间传说。6月19日至7月8日的黄河调水调沙，给我留下深刻印象的是对进滩路口的交通管制。7月6日至7日参加"四面红旗"达标考核时，市局往孟州、温县的控导工程班组，必须由县局有通行证的车带队才能进去。

7月10日是星期六，天气奇热。晚上雨越下越大，第二天大雨还是不停。据水情报告，7月11日13时30分沁河山里泉水文站洪峰流量为3 800立方米每秒，当日15时54分沁河支流丹河山路坪水文站洪峰流量1 170立方米每秒，为1957年以来最大流量。满以为沁河这次会形成两三千立方米每秒的洪峰，而实际上沁河这次洪水最大洪峰流量是7月13日7时武陟站368立方米每秒。

怎么3 800加1 170等于368？哪里出错了？带着这个疑问，7月16日跟防办人员一起到县局进行专项督查。路上问了防办人员才知道，由于河口村水库拦阻洪峰，加之沁河下游河道多年来未有大流量行洪过程，河道干枯，且有较多杂物堆积，造成行洪不畅，延长了传播时间，故而沁河并没有形成洪峰。

我们此次主要督查清滩和除险加固情况。县局对于除险加固明显还有顾虑，怕石头抛到河里得不到上级认可。对引水采砂设备全部撤出河道、滩区，也有疑虑，毕竟这么多年黄沁河没来过大水，大家拿不准"七下八上"防汛关键期还是否再来大水。

"七下"时节强降疾

7月17日是星期六，我在单位整理过督查情况后，领导又安排我写迎战"7·19"暴雨的稿子，晚上回到家里仍在加班整理。

这次强降雨是从7月18日开始的，7月20日早起从武陟来焦作上班，因为担心长时间下雨普通道路的路面积水深、有塌陷，专程走了高速。当天晚上没敢开车回去，住在了办公室。

据官方公布的消息，7月18日18时至21日0时，郑州普降大暴雨、特大暴雨，累积平均降水量449毫米。千年不遇的大暴雨，一下子倾泻到郑州这个内陆城市。

7月21日下午开车从焦作往武陟走，只见迎宾路两侧水流成河，沿路有交警守着路口，不让车辆往西边路上拐，因为那边积水太深。开车上高速公路回到家后，第二天在武陟等媒体记者。

记者从巩义过来，路上有山体塌陷，需要绕道，手机信号也不好，本来以为他们上午到不了，将近12时突然得知他们赶到武陟水文站了。我赶过去跟他们会面后，沿着沁河左岸堤防往上游走，老龙湾、白马沟等一路采访过去，发现河水漫滩情况逐渐在减轻，直观地明白为什么沁河防洪重在下游，特别是老龙湾至沁河入黄河这一段。

在丹河入沁口，丹河水势非常大，而雨还在下着。我们冒雨在车上用手机拍摄后离开。因为交通管制，过丹河桥时，过往车辆全部拦停，我们是唯一一辆大雨中过桥的车。我们珍惜这难得的机会，停下来在车上用手机拍摄，留住这次洪峰的情景。接着过沁河桥时，看到水势平稳，因为河口村水库的调控，沁河上游来水较小。随后来到沁河右岸的马铺险工，防汛抢险技术人员根据河势情况，本着"抢险抢小"的原则，果断采取除险加固措施。

7月23日3时12分，沁河下游武陟水文站出现1 510立方米每秒最大流量。当天上午我又带媒体记者沿途观看沁河来水情况。接连几天，心中有些想写下来亲历情况的冲动。7月24日晚上回到单位动手写了草稿，7月25日整理成《焦作河务局迎战沁河"7·23"洪峰见闻录》。

流火星坠雨惊堤

大灾后有大疫。7月29日开车去省局帮忙整理《河南黄河工程名录》，折返后，得知郑州发生了新一轮的新型冠状病毒肺炎疫情，难免担心。虽做完核酸检测拿到阴性结果，但社区的要求逐步收紧，后来干脆要求在家隔离，我没有再去郑州，在家编撰《河南黄河工程名录》，工作的主基调又成了防疫。

连日阴雨连绵，大家都调侃现在越来越像南方了，没成想8月22日再次迎来了一场强降雨。当天早饭后，市局组织一部分人员下沉一线，分乘两辆车到一线班组。我跟其他3名同志一起被分配到博爱白马沟班组。

大家都在议论，由于郑州"7·20"暴雨成灾引起上级重视，中央派了调查组进驻河南。从上到下都绷紧了防汛的弦，各项防汛措施切实得到落实。除了冒雨巡查工程，我还跟博爱河务局的同志一起，检查各防守地段群防队伍、专业队员人数，确保按1∶3配够群防队员。

在坝头帐篷内吃午饭时，大家议论起来当前的疫情，得知上级领导为从郑州来焦作检查沁河防汛工作，前一天连夜做了核酸检测，大家都很感动。然而，焦作中小学规定家长接触外来人员需要报备，大家也忧心忡忡。此时帐篷两头进风，雨水又湿透了脚上的鞋子，我们切身体会"涝疫结合"中最基层人员的辛苦，在这场与时间赛跑的考验中，我们每一个人都没能置身事外。

晚上我们下沉人员正跟着一线职工巡查工程，远远望见省局领导来检查，领导走后，听说这次暴雨没有形成沁河洪峰，第二天可能让下沉人员返回。巡查到后半夜后，我们一起回到班组休息，次日早饭后奉命返回。

授衣之月水不息

进入9月，河南依旧"阴雨不断"，雨带仍然在河南省境内徘徊。然而，大家都以为应该汛期差不多就过去了，开始着手想要回顾2021年汛情，没想到老鼠拉木锨——大头在后边。

9月26日省河务局办公室组织的黄河文化推进会前，焦作河务局已启动全员岗位责任制，所以局领导请假不参加，只让我到省局报到，我随队参观郑州、洛阳的文化景观，当天深夜接到通知说次日活动提前结束。

9月27日，沁河武陟站洪峰流量2 000立方米每秒，为1982年以来最大。同时，黄河2021年1号、2号洪水接踵而至。9月28日机关人员再次下沉一线时，领导没让我下去，安排我在单位加强宣传工作。有消息说，整个国庆节黄河防汛单位可能不放假了。

不出预料，国庆节全员不休息。10月1日这天，我独自上堤拍摄花坡堤抢险、逯村控导巡堤查险等图片，此时焦作河务局除险加固的做法已得到上级认可，几个控导工程上都有职工根据河势变化，及时在加固工程。

昼夜加班，我不断在文字、图片中被守卫黄沁河的人们感动着。我的文字和图片凝固着这历史性的时刻，黄河人用跃动、坚强的身影冲击着我的心灵和情绪。往小处说，这是我们的工作，是责任所系；往大处说，面对灾难，这是我们每个人的责任，是家国情怀，是义不容辞。

我每天都忙于这样的采访、写作、宣传，休息时间很少，直到国庆假期结束。

国庆假期结束了，防汛工作还在继续。10月12日，河南电视台记者过来，我陪同到一线采访。在武陟老田庵控导工程，采访驻守人员时，武陟一局副局长王征宇说："今年汛期长，俺们来时才换上短袖衣裳，现在又换上棉衣啦。"说着话，不由流下了泪水。这泪水不是委屈，是为汛情长的担忧，也是对同事们的心疼。是啊，差不多三个月，苦能吃得，累能吃得，想家里人啊，他们也是人生父母养，有家有口的人啊！

10月21日，省局办公室的同志又来拍摄黄河退水情况，跟他跑了一天，临结束时，我说还要回去值班，他说："咋每次我来你都值班？"我不知如何作答。其实今年这种罕见的伏秋长汛，如何应对、如何坚持、如何克服疲劳连续作战，本身就是对我们观念和体力的一次冲击。

我们常说黄沁河防汛关键期是7月下旬和8月上旬，但是，清乾隆二十六年（1761）黄河发生的32 000立方米每秒洪水在8月中旬，清康熙元年（1662）黄河大洪水在9月、10月间，1949年花园口站12 300立方米每秒洪水在9月14日。2021年的黄沁河秋汛洪水再次证明，秋汛也会发生大洪水。

抗洪随记

◎毋芬芝

出生在沁河岸边，大学毕业后选择了治黄事业，我的一生注定与河有缘，为她喜，为她忧，为她倾心注力，既见证了她的静水深流、波涛汹涌和溪淌蕴泽，也亲历了人们为守护她付出的汗水、泪水和努力……

一

1982 年的一个凌晨。"快起来，水漫进屋了"，电闪雷鸣、大雨滂沱，沁河支流云阳河水伴着雨水"汨汨"灌向屋里，外婆一家人奔跑着用袋子装土加高门槛，我也慌乱地抱着几件旧衣压在了土袋上。睡眼惺忪中，看到同院的几家人也在喊叫着堵门。后来听说，沁河发大水了，河水已涨到沁河桥底板，县里已准备好炸药，随时要炸堤分洪。洪水无情，见者、闻者无不惊惧。

二

"大家再加把劲，土袋已抢出水面了"，1996 年 8 月，记不清是 4 日还是 5 日，只记得大约 22 时，孟州河务局的同事们在黄河开仪控导出险工程上，紧张有序地把背河侧坝顶土方装袋、运至临河坝基坍塌部位。不足 5 米处，洪水在坝前打了一个小小的弯后，便似一条平铺的银缎沿工程"吼吼"下泻，奔流到海不复回。作为一名"河段职工"，当时的一个段子："远看像要饭的，近看像烧炭的，一问是河段的"，防汛抗洪是天职，责无旁贷，决不能有一丝一毫的退缩和懈怠，栉风沐雨，面对危难，也要一往无前，随时为保卫防洪工程和人民生命财产安全奉献一切。

三

2003年8月27日15时30分，"沁河北金村险工3垛下首平工段堤防发生堤坡坍塌重大险情，长度50米，高10米，宽3米"；同日20时，孔村险工告急，工程处河滩已塌至堤脚前10余米；9月7日水南关险工再现较大险情。

"华西秋雨"连绵数月，沁河较大流量过程一直延续，10月12日，沁河武陟站出现第四次洪峰为900立方米每秒，15日1时，马铺险工长时间受倒"S"畸形河势影响再发重大险情。

险情紧急，省、市局抢险指导组来了，兄弟单位抢险队来了；沁阳市委、市政府主要领导到了，沁阳16个乡镇办事处的数万人民群众也自发带着抢险工具赶到了，险情所在地村民也提着自己精心准备的饭食送来了。

这期间，沁阳河务局机关仅留4人，防办包括我在内3人，门岗1人，其余人员全部上堤抗洪，虽未亲临一线，但前线的讯息还是一条条或被动或主动地传来，经判断整理后及时向上级、沁阳市委市政府、防指有关部门、新闻媒体报告与讲述。记得最久的一个班长达20天，没回家没洗浴，困了就在凳子上打个盹，但只要电话铃声响起，又立马像弹簧一样跳起。

万众一心、众志成城。面对洪水险情，我们不是孤军奋战，党和政府、人民群众是坚强靠山，支援来自四面八方，信心！决心！雄心！合力抗洪抢险，我们便能无往而不胜。

四

2021年，7月11日。"山路坪站15时54分，洪峰流量1 170立方米每秒。""不可能，青天河水库未泄洪。""报错了吧？"由于一条默默无闻的小河——丹河支流白水河流域降特大暴雨，沁河支流丹河一场罕见洪水突如其来。

7月20日，黄河南岸郑州市突降特大暴雨，最大小时降雨量达201.9毫米。焦作、新乡等多地市也普降大暴雨，推倒了黄沁河流域降雨的多米诺骨牌，7月27~28日、8月12~13日、8月22日、8月28日至9月6日、9月16~19日、9月23~28日、10月2~11日，流域性降雨洪水一波接一波。尽管有黄河防总对小浪底、河口村等水库的科学精准调度、按最大拦蓄水量运用，黄河还是接连发生3次编号洪水、沁河先后出现6次漫滩洪水、花园口站4 500立方米每秒以上洪水持续达24天。惊异！讶然！祈祷！

汛情发生后，从中央到地方均高度重视，各级坚持人民至上、生命至上，立足防住为王，按照"三不"目标，落实"四预"措施，水利部防汛督导组进驻河南，省防指向焦作派驻了工作组，黄委、省局抽调干部职工下沉抗洪一线，省局实行"1+6+26"24小时滚动会商机制；焦作市委、市政府主要领导多次亲临一线督战、现场办公，市防指坚持日会商机制，焦作河务局6次启动全员岗位责任制；沿河县（市）落实人员、料物、设备预置要求，强化责任落实、巡查防守、除险加固、应急保障，严防死守，及时发现、抢护黄沁河各类险情398次，确保了洪水顺利过境、工程安然无恙、社会和谐稳定。

7月11日至10月29日抗洪工作取得全面胜利的110天里，我和综合组同事一道，扎根防办，进行着一场没有硝烟、挑战身体极限的战争，及时掌握雨情水情，分析研判汛情灾情，发布预报预警信息，密切关注水位演进，收集整理汛情信息，编制各级会商材料，关注各项综合工作，落实推进后勤保障，第一时间传达调度指令，密切配合市防指协调部署，积极发挥参谋、指导作用，到岗查询水情险情成为习惯，每日工作16个小时以上成为常态，防汛会商室的挂钟见证了我们的坚守和执着，数千页厚厚的文电材料体现着我们的责任与担当。

五

洪水无情，人间有爱。透视比对4段抗洪记忆，感悟、启示颇多。

有对祖国日益强大的自豪。小浪底、河口村等水库先后建成投入调洪运用，避免了下游河道超标准洪水的发生；辖区防洪工程近年来进行了新建改建，抗洪能力有所提高，险情发生概率减少；支流平原河道的疏浚恢复、乡村建房时普遍抬高的房基，杜绝了洪水进门的无奈。只有国家强盛，人民至上、生命至上的理念才能更好得到彰显。

有对防洪组织的自信。2021年"政府主导、应急统筹、河务支撑、部门联动、群防群治"创新机制，在抗洪实战中得到充分检验和证明，让责任更明确，组织更有力；对重要工程重点部位进行适时加固、预置料物设备，让我们牢牢掌握了抗洪抢险的主动权。

有对管理人性化的感慨。巡查实行四班轮岗制，让一线巡查人员休息权得到落实；一个巡查单元一顶帐篷、配备热水棉被棉衣、24小时提供热饭等"吃饱穿暖"工程保证了防守人员的精力、体力；在主要靠河工程架设照明线路、配置急救车，为一线人员人身安全提供了保障。

有对河务部门参谋作用发挥的振奋。"7·11"洪水后，博爱县按河务部门建议采运3 000余立方米石料在丹河入沁口处紧急抢修一段长70米、宽10米的护岸，在后续洪水中发挥了重要作用，有效避免了丹河、沁河堤防坍塌重大险情的发生；水北关险工堤坡坍塌险情发生后，沁阳市按河务部门建议连夜调集人员、设备，断开S308沁河大桥围栏，对原行洪桥涵进行了堵复，让水流回归主槽，避免了水流进一步冲刷平工堤防，重现"03·8"北金村险工重大险情的不利局面。

有对人们防汛麻痹思想的忧患。黄沁河多年未来大的洪水，沿河干部群众麻痹侥幸思想严重，甚至在"7·11"洪水发生的前两天，"气象局暴雨啥时下""我倒要看看这雨怎么个暴暴暴"等言论还在抖音、微信朋友圈中屡屡出现。

有对群防队伍组建问题的思考。随着经济社会发展，沿河大量青壮年劳动力外出务工，群防队伍组建质量难以保证，人数不足、老龄化问题突出，不能满足防大汛抢大险要求，"政府主导、行政事业单位牵头、群众参与"的群防队伍组建机制急需探索尝试。

有对洪水预测预报能力的期待。白水河暴雨、暴涨信息未第一时间获悉和及时传递，是造成"7·11"洪涝灾害的重要原因，沁河长485公里，除下游90公里平原河道外，其余均为山区河道，支流众多，山洪灾害概率大，但沁河干支流的雨、水量观测设施严重不足，这次是白水河泛滥，下次灾害洪水不知又会是哪条河引发！

经验值得总结发扬，教训也有待社会各届引以为戒、绸缪化解。愿我华夏风调雨顺，国泰民安！

防汛路上的两公里

◎王培燕

普普通通的两公里，是家到单位的距离。平日里轻松愉悦步行半小时的路程，却在今年伏秋防汛期间，在一场又一场强降雨、一次又一次抗洪中，诠释了太多的责任担当、亲情守护和团队力量，成了我逾越不了的咫尺天涯。

防汛形势历史之罕见　汛情预警一次次拉响

2021年，受极为罕见的"华西秋雨"影响，黄河出现3次编号洪水，小浪底水库高精度调度运用，实现了"不伤亡、不漫滩、不跑坝"的防御目标；受强降雨影响，沁河出现4次洪水过程，河口村水库频繁调度运用，滞洪削峰，配合五大水库打好联合调度组合拳。

2021年，请记住这些数据：9月27日15时48分黄河中游干流潼关站流量涨至5 020立方米每秒，形成黄河2021年第1号洪水；27日21时黄河下游花园口站流量达4 020立方米每秒，形成黄河2021年第2号洪水；10月5日潼关站流量再次上涨至5 090立方米每秒，形成黄河2021年第3号洪水；10月9日20时小浪底水库水位达建库以来最高273.5米，超最高控制运用水位270米运行15天；黄河花园口站4 800立方米每秒左右量级的洪水持续24天。7月11日15时54分丹河山路坪站洪峰流量1 170立方米每秒，为1957年以来最大洪水；9月27日15时24分沁河武陟站洪峰流量2 000立方米每秒，刷新了7月23日3时12分武陟站1 510立方米每秒洪峰流量记录，为1982年以来最大洪水。

这一组组"最"数据，将载入汹涌奔腾的黄河历史，也见证着黄河儿女的使命担当和抗洪信念。这期间，黄委4次启动黄河中下游水旱灾害防御应急响应，2次提升应急响应等级，焦作河务局6次启动全员岗位责任制，5次启动防洪运行机制。

水情组"变形成长"　备足防守"提前量"

防办的水情工作人员中，王志伟和我都是2000年汛后刚调到防办的，属于防汛新兵，更是水雨情方面的新手。我被临时委任负责水情组工作。在副总工刘树利的指导帮助下，4人组成的水情组迅速组建成立投入工作。我们梳理黄沁河干支流水库和水文站信息、研究洪水组成、收集滩岸观测数据、分析水位表现，一系列水情工作紧张有序展开……

焦作河段滩岸观测断面黄河12个、沁河14个，水位观测站点黄河6处、沁河21处，秋汛期间黄沁河投入784人次进行滩岸观测392次，收集黄河水位数据825组、沁河水位数据5 266组；针对焦作河段黄沁河干支流复杂汇流特点，7月24日，在博爱留村断面紧急安设测流设施，实时掌握沁河各支流入沁口流量，建立短信平台一小时发送一次水雨情信息，预判焦作代表站流量峰值；绘制洪水演进示意图、滩区洪水淹没图、防洪工程风险点分布图、洪水水位过程曲线、黄沁河各站流量表、水库水情表等图表，为领导防汛决策提供技术参考，为焦作境内253千米黄沁河堤防防守备足"提前量"。

这一组又一组数据记载着我们水情人每一天的24小时，一张又一张图表见证着我们水情人在防汛会商室一次又一次的通宵奋战。从"7·11"沁河洪水水雨情发布的手忙脚乱，到"7·23"洪水的有序应对，再到秋汛洪水期间的沉着从容，我们水情工作人员在洪水实战中历练成长。

你在后方坚守　我在前方"战洪"

2021年汛期，让我深刻体会了那句"哪有什么岁月静好，不过是有人替你负重前行"。只是，这一次，我成了那个负重前行的人。

6月15日，下午刚上班接到姐姐电话说"爸这两天一直念叨没见你"，那一瞬间我已泪如雨下。放下电话，值完白班，坐上凌晨的火车，

长缨缚波

一夜焦急却最终未赶上见父亲最后一面，三天后强忍着无比的心痛回到工作岗位，因为要开始黄河调水调沙。"父爱如山""忠孝难两全"，短短几天，我承受了人生最大的痛，感悟到人生最大的义；"7·23"暴雨洪水期间，趁工作间隙回去换洗衣服，返回单位时遇到群英河泄洪封路，阻断了回单位的路，八岁的女儿在家看着两岁多的儿子，丈夫冒雨趁间隙送我通过。看着丈夫匆匆回家的背影，想着家里的两个孩子，我泪流满面。看着泄洪封路的紧迫，擦干眼泪，奔向岗位；秋汛洪水期间，水情组只有我们三位女同志，两位都是两个孩子的妈妈，24小时值班关注雨水情，每小时发送水情信息，工作繁重、持续而精细。有一次回到家，两个孩子搂着我，女儿说"妈妈，我好多天没见你了，你什么时候不值班了啊?"瞬间泪崩。丈夫对女儿说"现在全国上下都在关注黄河防汛，你妈妈现在是在为千千万万家庭守护家园呢!"然后拍拍我的肩膀说"再坚持坚持，安心工作，家里有我。"我知道，丈夫也经常有应急防汛任务，肩上也有党员的责任，虽然两个孩子经常流动在老人和朋友家，但家人的温暖犹如暴雨过后的晴空万里。

以前家人总说我和丈夫的结合是陕豫之好，可是2021年，陕西到河南的距离却成了我跨越不过去的山水，两公里回家的路程也隔了大江大河。浓烈的思乡情绪，总会在不经意间涌上心头，肆意蔓延……但在洪水面前，又一次次被压制在了内心深处。

"大防办"显担当　巾帼战士展风采

2021年，我们记住了"大防办"这个名字。在机关下沉110余人巡堤查险后，通过资源和人员整合、优化各组力量分配、科学调配机动人员、建立共享平台和互相补位机制，24人的大防办充分发挥了核心枢纽作用，仅秋汛期间收发防汛指令368条，发送水情信息2.9万条，24小时防汛视频会商连线29天，连线各级防汛会商74次。

这里有这样一群人：85后防办副主任王书会，3岁孩子的妈妈，协调处理各类事情忙碌到可以几天不眠不休，记得有那么一天，她突然惊呼怎么一天就接打电话184次；综合组仓博和田甜，都是两个孩子的妈妈，她们在防汛会商室留下太多太多星夜伏案整理会议记录和文电简报的身影；水情组李艳和我，都有一双儿女，90后水文骨干李佩，我们每天的神经跟着水位流量起伏，严谨高效、细致准确、协作配合的水情工作倾注了我们的百日心血，互相倾诉对心头小人儿的思念也成了我们工作间隙的些许安慰；值班组六位男同志除值班报送各类信息外，承担了"大防办"所有的后勤杂物工作，申发展说有一天仅收传真近20份，王志伟有一次在单位食堂碰见新婚不久在水政科值班的另一半，打趣道"好久不见!"。人生海海，有缘相逢在这里，我们一起度过中秋，又走过国庆。"大防办"里记录了一个又一个难忘深刻的协同作战瞬间，也留下了太多太多温暖感动的点点滴滴。2021的"大防办"注定不凡，焦作黄河儿女都是英雄。

2021年，黄沁河经受住了一次又一次暴雨洪水的考验，坚守奉献的黄河儿女诠释了劈波斩浪的果敢担当和久久为功的必胜信念。若问我，2021年最遥远的距离，我想说是防汛路上的两公里；若问我，2021年最值得炫耀的事情，我想说，我是一名治黄人，今年我守护了万家灯火的岁月静好；若问我，2021年最大的收获是什么，我想说，是亲情、是友情、是战友情。

我和焦作黄沁河的148天

◎郑方圆

辛丑年夏，这是我上班的第六个夏天，也是近十年洪水最为疯狂的汛期，惊心动魄的城市内涝及山洪，不断攀升的暴雨预警连续数月拨动着我们防汛人的神经。从庚子到辛丑，天灾一波接一波，防疫在持续，防汛接踵来，我们在防疫和防汛中随时切换，应对着"7·11""7·23""8·23""9·19""9·24"等强降雨、大洪水的考验。

如果我是一只鸟，在天空俯瞰，地上则是在这个阴雨绵绵的秋天，黄河系统约4万名职工坚守一线和巡防队伍组成了的坚不可摧的钢铁长城。每一个黄河职工都是钉在黄沁河堤岸边最坚实的那颗钉子，是这场黄河秋汛防御战出奇制胜的关键。

现在，就让我来诉说我和河水亲密接触的148天。

7月9日　　序　章

一切过往，皆为序章。

6月19日，2021年黄河调水调沙开始，小浪底水库最大下泄流量达4 500立方米每秒量级，4 000立方米每秒大流量过程达13天，整个过程持续近20天。这20天我们披荆斩棘，枕戈待旦，启动了第一次全员岗位责任制，每个"螺丝钉"都毫不松懈地紧紧钉在自己的岗位上。

7月10日，气象台预报的"百年一遇"强降雨袭击了丹河、沁河，这场强降雨断断续续持续了半个月；23日素有来猛、去速"小黄河"之称的沁河暴发了自1982年以来武陟站最大洪水，1 510立方米每秒，沁河告急。我们全员皆兵，严阵以待，启动了第二次全员岗位责任制，把家搬到单位，暴雨中很多同事回不了家，索性就直接驻守单位直到雨停。

8月21日，新一轮强降雨来袭，以雨为令，闻汛而动，我们又一次启动全员岗位责任制，市、县河务局全体职工取消周末休息，605人下沉一线，在暴雨中坚守，在狂风中巡河。之后的"9·19"暴雨洪水，我们放弃了与家人的团聚，倾心共赴黄河岸，是年中秋无月圆。

而这一切，在27日潼关水文站出现黄河1号洪水后，在沁河武陟水文站流量2 000立方米每秒刚刷新一个月前创下的记录后，都成了一场大战前的序章。从傍晚到凌晨，防汛会商室通宵开会，上至黄委、下至一线班组，没有硝烟的战争默默打响……

9月28日　　启　程

风驱急雨洒高城，云压轻雷殷地声。

这一天用一个词概括，就是"紧张"，凌晨3时多，还在睡梦中的我就接到了下沉的通知，我心里一紧，还在酣睡的宝宝梦里发出妈妈的呢喃，手里紧紧攥着他最喜欢的蓝色珊瑚绒毯子。分别在即，留给我的只有不到5个小时的时间，就要和同事们一起出发去从未去过的班组，窗外，紧锣密鼓的雨点冰冷地打在玻璃上，是使命召唤的催征的鼓点，是临行前复杂兴奋的心跳。

一路阴雨，在车上同事们却是有说有笑，两辆大巴车载着机关的80余名职工分别驶向温县、武陟和沁阳，路过二局的五车口险工时，洪水几乎铺满了左右河堤，最高位置离堤顶不到两米。看着不知道比平时膨胀了多少倍的"小黄河"，大家沉默了，顿时感觉肩上的担子重了很多。没人再延续孩子和家人的话题，都纷纷转向讨论水情河势，都为这次不知归期的下沉而感到沉重，这沉重并不来自于舍小家为大家的牺牲，而来自于黄沁河严峻的防汛形势和守土有责的担当。

到达博爱白马沟班组后，我们办公室一行4人匆匆放下行李，就开始巡河了，出槽的沁河水已经淹没了临河滩区的大片农田，泡在水中的树木有些被冲得歪斜，巡查归来，一身雨水，满鞋泥泞。

10月1日　旗　帜

六盘山上高峰，红旗漫卷西风。

很快国庆节到了，我们在风吹日晒的河堤上度过了一个极其特殊的节日，今天是晴天，蓝天、白云、绿草，悠悠的沁河水流量缓慢下降，这个节日我们哪儿也去不了，甚至是连家也不能回，刷着朋友圈里天南海北的旅游行程，第一次有了"哪有什么岁月静好，只因有人在负重前行"的踏实感，这一次，我们成了负重前行、守护河山的人。我们在沁河堤上进行着"扮演"河工的深入沉浸，听着不远处挖掘机抛石入河的隆隆声，你看这河面多平静，我心里就有多快慰。

身后，猎猎红旗迎风飘展，国旗，党旗，这怕是这个地方最为绚丽的色彩了。市局党办的同事们从其他班组赶来，为我们的迷彩服上贴上了党员的标志和口号，"我是党员我先上""防汛有我，请祖国放心"。我们站成一列，举起右拳，面对沁河，齐声说出那句心声，"祖国，生日快乐"。此刻，能有幸在黄沁河畔为祖国庆生，我们对祖国的爱也如这河水一般永远奔流向前、不舍昼夜。如果我是一面红旗，我愿深深扎根这堤岸，时时守护这家园。

10月4日　师　傅

新竹高于旧竹枝，全凭老干为扶持。

"我怕你们在这边人生地不熟，去县里给你们买了点零食和水果，把这里当家，有啥事跟我说"。白马沟班组的班长申加加热情地递上一兜零食，成为我们师傅的他面容黝黑，笑时显得牙齿特别白。他本来准备十一假期结束后参加黄委劳模的学习疗养，已经连续退了两次机票，这场汛情让他错失了一次学习的机会，却给了我们一次向他学习的机会。

"日常巡查一般是4~5人，1人走临河堤内水边，用探水杆探摸根石情况；2人分别走堤坡和堤顶，手拿救生绳拴住探摸人员腰部，防止水边人员出险跌倒发生安全事故，1人走背水堤坡，查看有无渗水和管涌险情"。

每逢我们值班，申师傅就会不厌其烦地给我们一遍遍讲解巡查规范和要领，他开着自己的车在十几公里的坝上不停往返，一小时巡查一次，我们来班组以后就没见他回过家，不仅这样，连他自己的车也充公了，成了日常的巡查工具和接送我们上下班的交通工具，这辆车上没有常见的吉祥挂件和小玩偶，有的尽是救生衣、救生圈、水平仪和探照灯。用他的话说，沁河安宁就是吉祥，提前预防险情就是平安。

焦作河务局一直注重治河技能的传承，师徒金搭档是工程管理和防汛工作一张响亮的名牌，我有幸向一线最优秀的职工学习防汛技能。没想到，现学现用，很快便在温县大玉兰班组派上了用场。

10月11日　　支　援

岂曰无衣、与子同袍。

10月10日，焦作辖区内沁河形势渐趋平稳。晚上10时30分，刚刚洗漱完的我接到通知，博爱下沉人员更换驻地，统一去黄河班组进行支援。我和文主任去温县大玉兰班组，同屋的女同事去武陟二局五车口班组，另一个男同志去二局驾部班组。这两个县局都是辖区有黄河、沁河两条河流，已经双线作战了近一百天。半夜1时，温县的值班表排出来了，我需要在早上8时接班。我望着班组外漆黑一片的夜，怎么在第二天早上到岗到位成了问题，我迟迟没有睡着，脑中浮想联翩……

家人，是我这次亲临一线坚守的坚强后盾，在这半个月的漫长时光中，难免因为想家想孩子而数着指头过日子。双方老人都放下手头的事过来看孩子，两岁半的儿子还不懂为什么要分开这么久，他的懵懂和天真会触动我内心最柔软的地方。往往，不管我和同屋的姐妹谁跟自家孩子视频了，另一个人都会走出去悄悄抹泪。驻守期间经历了两次降温极端天气，家人不仅送来了衣物、零食，还送来了我最亲爱的"小小的他"。这是亲情的支援。

同事，是我这次坚持到底的温暖源泉，博爱局为我们准备的细得不能再细的物资弥补刚刚下沉的仓皇，从雨衣到牙刷一应俱全。白马沟班组专门把县局食堂的大厨请到班组做饭，一日四餐，营养均衡，香气四散。在一起值班的时候，男同事经常把自己的车子留给我，让我巡查之余可以有个落脚的地方，而他自己则去群防的帐篷挤一挤。班组的职工巡查之余还教我们使用水平尺测量仪，打草，不知道为什么，有一线职工的地方，就很心安。这是友情的支援。

而现在，我们要去更重要的地方支援自己的兄弟姐妹，"岂曰无衣，与子同袍"，大江大河，吾与水战，第二天一早，下夜班只休息了4个小时的文主任开车带着我奔赴温县，这是工作的支援。

10月25日　　归　来

见山仍是山，见水仍是水。

10月20日是我在大玉兰班组的第10天，是我下沉的第23天，天气已经放晴多时。得知小浪底水库已经开始每天减少1 000立方米每秒下泄流量的好消息后，大玉兰班组食堂热热闹闹地吃了一次羊肉汤。流量下降了，暖流也来了，离别也将近了。

下午2时，我在值守的大玉兰14坝上拍摄了党员干部在一线的视频。同事们走后，我一个人静静地坐在刚刚整理好的备防石上，面对着近在咫尺的滔滔黄河水，我亲眼看着它从流量4 800立方米每秒的气势如虹到流量2 600立方米每秒的温和平静，我亲眼看着大玉兰从市局到班组50多名值守人员日以继夜，没有一个人迟到，没有一个人调班和请假，日复一日的坚守磨掉了我稍显娇气和浮躁的心性，我看到也做到了在平凡中做实事，在坚持中出成绩。在远离城市喧嚣的黄河边，我与山水相依，与清风为伴，找到了另一个家。

10月25日，为期28天的下沉工作结束，我返回单位，自进入汛期以来，这已经是第148天。归来的我还保持着每天在河堤上走一万多步的习惯，我心中的某一部分一直留在了那风雨浩荡的河边。拂去眼前山山水水的面纱，看到天气阴晴循环往复，日升日落周而复始，方知千磨万击还坚劲，人间正道是沧桑，无论经历多少风雨，我们都不会改变"人民至上、生命至上"的初心。做到始终如一，善始善终，始终把使命放在心上，防汛救灾无小事，责任大于天。始终把汗水洒在一线，越是关键时刻，越见责任担当。我们要把使命化为行动，戮力同心，不等不靠，群策群力，科学施救。始终把真情留给群众，灾害无情，人间有爱。要把受灾群众当亲人一样对待，用心用情把受灾群众的服务工作做深做细。要知道我们的一切来自于人民，也要将一腔热忱回馈给人民。

一切过往，皆为序章。山仍旧是山，水仍旧是水，我和黄河的故事也还在继续。

2021年汛期通信保障
背后的故事

◎魏海生/口述　　王　鸽/整理

我参加治黄工作35个年头了，2021年这个汛期，是我工作以来最难忘、最紧张、任务最繁重的一段经历。

汛期要做到声音、图像、数据等各类防汛信息的及时、准确、安全传递，首先要确保通信线路的畅通。在汛前，信息中心就已经开始谋划如何增强信息传输干路保障能力，5月完成了市局到各县局、各一线班组的数据专线扩容，全局范围内实现100兆光纤接入，开通了市局至运营商的专线双路由，省局至焦作局的100兆光缆路由，储备了备用电路，不仅为焦作黄河专网提供了高速通道，也进一步提升了通信传输的可靠性和保障率。

7月20日开始的强降雨过程导致了城市内涝、山洪等灾害，对移动基站产生了严重破坏，致使移动通信受阻。从市局到县局再到一线班组，全局干部职工都在铆足了劲迎战黄沁河洪水，在这关键时刻移动通信不畅，使得一线巡查的干部职工不能进行汛情或指令的有效传递沟通，使黄河专网成为信息孤岛，问题相当严重。

一方面，我们马上协调了20部4G公网对讲机投入到一线职工巡堤查险和市县局主要负责人、防办使用；另一方面，汛前联合三大运营商开展通信保障防汛演习，也为解决移动通信中断问题提供了借鉴。信息中心与三大运营商进行了密切沟通，督促其按照市防指的职责划分尽快修复，移动公司对控导工程周边的4G信号进行了增强，联通公司在老田庵和驾部控导工程派遣了应急保障车支援。经过一番努力，移动通信终于恢复，声音终于又能如平常时期一样畅通，一颗悬着的心也暂时落了地。

在防汛形势一度变得紧张，省局要求"1+6+26"防汛视频会商之前，我们已经开始谋划焦作黄河信息化建设。年初已经将"市、县、班组"三级防汛视频会商系统建设纳入规划，并且按照规划，在汛前集中力量开展了黄河视频会商系统、焦作黄河云视讯的应用、调试、维护。到7月，按照省局实现"省—市—县"三级会商的要求，我们重新配备了24套"小鱼易联"视频会商系统设备，实现了"黄委—省局—市局—县局—班组"的五级会商，超标准完成了上级的要求，也成为省局范围内唯一实现五级会商的市局。

在这个过程中，我们碰到有技术、硬件、管理、人员调配等多方面的难题，开一次会议我们要对24套设备进行调试，确保其顺利上线，而一线人员不会操作，人员不到位，线路不畅等均要解决。其中，影响最大的是一次掉线事故。

长时间运行导致的设备故障、网络突然中断、显示器故障、电源氧化导致的接触不良，又或者是任何一个小的零件方面的小问题，都可能是产生掉线的原因。但当时，比找到掉线原因更重要的是先恢复会议。更换设备、网络，连接会议并进行全局调试，几分钟的时间，我们完成了平时会议前两三个小时的准备工作，但这几分钟的时间对从事通信保障的所有人来讲都显得无比漫长。

整个汛期，李杲局长一直在一线决策调度，发现问题就地召开视频会议布置安排，我们技术人员必须随时保证领导到哪里视频会议系统保障到哪里。信息中心全员行动，紧绷一根弦，总担心出问题，那是心最累的时候。有时，在经历一晚上的总值班通信保障以后，我们来不及休息，就得赶赴县局和一线班组，对设备、网络等应用情况进行巡查，及时解决一线设备产生的各种问题。

整个汛期，我们保障了50场次会议的随时响应，利用内网、外网、4G网络、软终端等多种应急备用方案，实现了领导在哪，哪就能够成为会议主场，以及远程控制会议的总体要求；实现了黄委、省局视频会议结束之后，市县局会议随时召开无须调试过程的快速响应；实现了人员调配不开时远程指导一线班组人员操作会议系统的应急处理。我们的人员素质也在危机中得到锤炼，应急保障技术水平在危机中得到提高。

还有一件令人印象深刻的事，就是视频监控设备的安装和应用。黄委徐雪红副主任带队对焦作局一线情况进行督查时，看到一线观测人员冒雨观测水尺，以及有些观测现场地质条件复杂，存在很大的人身安全隐患，徐雪红副主任提出，能不能通过技术手段解决这个问题。李杲局长现场立下军令状，保证第二天解决。

任务下到信息中心，留给我们的时间不到24小时，信息中心全体人员立即行动起来。进行实地勘测，征求一线职工的意见建议，了解观测水尺技术要求，带着问题及时召开技术骨干专题研讨会。结合现场地形、光照等条件，我们选择了清晰度高、灵敏性强的视频监测设备，制订了完善的技术施工方案，同时联系设备厂家，订购设备，待设备进驻一线开展安装的时候，太阳已经落山了。

9处安装现场，散布在焦作河务局各县局所属的不同险工、控导处，有着不一样的现场条件，但困难点倒是一致。因为临水临坡，加之现场经常下雨湿滑泥泞，距离班组较远，供电问题、数据网络传输问题、稳定性问题成为需要统一解决的难点。我们采用太阳能电池板供电，选择4G网卡进行网络传输，逐个解决了这些难题。

在黑夜的笼罩下，伴着黄沁河洪水一路奔腾的声音和堤防上各种飞虫的扑腾，发电机提供的一团团光亮之下，处在不同空间的9处现场在同一时间进行施工，展开了一场安装竞赛。有的现场条件稍好，安装比较顺利，在半夜12时左右就完成了所有工作。有的现场有树木遮挡摄像头的视野，还需要先伐树，所以进度稍慢。

等到9处视频监控全部安装完成，已经是凌晨，但又出现了新的问题。由于夜晚现场光线不足，以及水面反射的光线因角度不同产生不同的折射，致使摄像头捕捉不到对象，水尺数据无法显示。尝试了多种办法都无济于事，时间在一点点流逝。9处施工现场都在互相联系，互相借鉴，互相启发。直到凌晨3时，终于传来一个好消息，博爱留村险工尝试补光灯结合视频角度调整的办法收到了良好的成效，水尺读数可以清晰地被摄像头捕捉，并及时传输，终于一线观测人员坐在值班室内就可以观测水尺了。

这个办法迅速在其他现场得到应用，一个个现场难题势如破竹般地解决。第二天早上9时，当徐主任坐在焦作河务局防汛会商室的大屏幕前，看着视频监控画面以及清晰的水尺读数，并且在不同的险工、控导间流畅切换，我们终于长长地舒了一口气。

2021年的这个汛期之于我和我所从事的通信保障工作，或者对于整个焦作治黄工作，都可以说是一场大考。从试卷发下来的那一刻起，审视整张试卷，我们发现了好多复习到的题目，对于这些题目我们得心应手，从容作答；但也遇到了一些创新题，这些题目以往从未见过，在作答这些题目的过程中，我们可能有失误、有涂改、有反复，但最终经过校对，我们还是交出了一份令人满意的答卷。

抗洪激情难忘怀

——我所经历的2021年焦作黄沁河秋汛防御工作

◎冯艳玲

若干年后，如果回望你的2021年，会有哪些人和事留在你的人生记忆里呢？

若干年后，回望我的2021年，那一场接一场的暴雨洪水来袭，那一次又一次的疫情反复肆虐，那一个又一个奋战在抗洪抗疫前线的平凡英雄，带给大家的温暖和感动，都将埋藏在记忆深处，永不褪色。

2021年，从初夏到深秋，从"7·11"丹河洪水、"7·23"沁河洪水、"8·23"强降雨、"9·20"伊洛河洪水、"9·27"沁河洪水到长达一个月的黄沁河秋汛洪水，一场又一场洪水接踵而至，一次又一次考验交错叠加。每一个参与其中的人，都有说不完的抢险故事，写不完的凡人英雄。流不完的感动泪水。

关键词一：历史罕见

众所周知，焦作河务局携黄带沁，防汛工作经受着双重考验。如果用一个词来形容2021年洪水，表述最多的就是"历史罕见"。

黄河上，此次暴雨洪水过程猛烈频繁，次数之多、过程之长、雨区重叠度高、量级之大均为"历史罕见"。自9月27日起，9天内形成了3次编号洪水；沁河上，9月27日，沁河洪峰流量达2 000立方米每秒，为1982年以来最大。此次洪水过程中，河口村水库库水位最高超汛限4.89米，沁河下游武陟站300立方米每秒以上流量过程持续约33天。

关键词二：以心守水

自首次迎战"7·11"洪水到10月29日秋汛防御战取得全面胜利，焦作黄河人向险而行，坚守在黄沁河两岸，持续战斗了110天。

10月19日是焦作河务局自"7·11"迎战沁河洪水以来连续战斗的第100天。为纪念"百日抗洪"，我认真采访并收集素材，完成了新闻通讯《我"河"你》的撰写，宣传焦作河务局一线职工坚持百日抗洪的凡人英雄事迹，相继在《中国水利网》《黄河网》等多个媒体发表。

期间，《黄河报》记者撰写了一篇《沁水之解》，报道焦作河务局全力防御沁河秋汛洪水情况。文章有段话特别触人心弦——何为"沁"？"沁"，便是以心守水！这也正是破解沁水之困、实现沁河安澜、保障人民安居的根本所在，是沁河守护人用行动做出的最好注解，同样也是4万黄河铁军勇士发自内心对母亲河的郑重承诺。

面对每次大暴雨洪水，有一种力量叫不可战胜。这种力量便是"以心守水"。1 500余焦作黄河人倾其所能，用"真心、忠心、恒心、爱心"来共同守护和团结战斗，他们不折不扣响应号召、听从指挥、服从安排；他们特别能吃苦、特别能战斗、特别能奉献；他们用脚步丈量责任、用热血守护黄河、用汗水保卫家园，最终战胜洪水，取得胜利。

关键词三："后方"不后

特殊时期，无论前线后方，都是战场。

我于9月27日接到通知到"大防办"综合组报到，参与相关文字材料工作。之所以称为"大防办"，是以往分散在各个部门的职能组在此次迎战秋汛期间采取集中办公形式，综合组、水情组、工情组、物资组、文电组等集中办公，每日里，各类数据统计分析及报告材料编写工作都在这里紧锣密鼓、有条不紊地开展。这种联合办公模式，进一步增加了职能组间的工作交流，实现各类数据互通共享，合力为领导指挥决策做好参谋。

中秋我在岗，国庆我在岗，面对历史罕见秋汛洪水，面对一个个只能在岗位上度过的假期，没有一个人有怨言和愤懑。关键时刻，大家的姿态只有一种——听从命令，服从指挥。关键时刻，从领导到职工只有一种工作模式——24小时在岗在线。9月27日至10月20日期间，基本每晚都有省市县三级防汛会商视频会议，我所在的综合组每天要及时准备会商材料，及时准备各种紧急会议材料。主管防汛工作的二级调研员王剑峰将办公室也搬至"大防办"，现场坐镇指挥，一起加班加点。

上班靠跑、吃饭靠捎、睡觉时间靠挤、比一比谁最能熬，这就是大家总结出的"大防办三靠一比"工作法。10月8日，一天连续召开3次紧急会商会议，开完第3场会议已是深夜11时多。局党组书记、局长李呆看着满满一屋子的参会人员，对大家的辛苦付出表示感谢，特意交待机关食堂给大伙准备"加班饭"。当他说出感谢大家时，那种言语神情，疲惫中带着无奈和心疼，安慰中带着期许和温暖。会议一结束，我们综合组便立即着手整理会议纪要。时针指向次日00：30，服务中心安排机关食堂给所有加班的人送来了香喷喷的酸汤饺子。大家伙儿的兴致全被这碗酸汤饺子给调动起来了，所有的辛苦和劳累一扫而光，开心地讨论着工作，吃着饺子，好几个人拿起手机拍照发朋友圈，用"一碗饺子"传递着坚守的意志和乐观的精神。

10月29日，防御秋汛洪水取得了圆满胜利。"大防办"完成了使命，"大防办人"也相处出了感情，大家对离开"大防办"感到难忘与不舍，集体拍照留念。这段紧张而忙碌、温暖又刺激的工作经历成为一个故事、一份回忆，留在了每个"大防办人"的内心深处。

关键词四：长堤芳华

你在前线我在后方，我们目光所向皆是前方；
你是人妻我是儿娘，洪水面前我们只比飒爽；
你是先锋我是战士，迎风战雨我们初心守望；
你有柔情我有红妆，风雨之后我们百炼成钢。

这是2021年防御秋汛洪水期间，我写的一篇巾帼抗洪的新闻通讯——

《百里长堤绽芳华》中的一段文字。稿子发表之后，收到了许多女同事的点赞和评论。大家热情留言和评论：直击我们黄河巾帼英雄们的心底儿！巾帼从不让须眉！洪水不退我们不回！我们女职工个个都是好样的！

这里，我想给大家讲一个"哭泣"的故事。

10月15日前后，是焦作黄沁河防汛抢险最吃紧的时候，坚守在后方的"大防办"人员按照领导要求，加大对一线巡堤查险工作的随机督查和抽查力度。这天，防办副主任王书会按照各单位上报的"巡堤查险定人定时定段安排表"随机进行抽查。

电话拨通之后，接电话的是基层的一位女职工，一听是市局查岗的，"哇"的一声哭了起来。她说她早上上堤时，电动车突然坏到半路了，为了按时赶到责任段，她正推着电动车在大堤上吃力地狂奔着，没想到这个时候又遇上了市局查岗。电话这边，王书会的眼眶瞬间湿润，说话都开始哽咽。"我不行了，没办法再查了，听到我们女职工电话里那无助的哭声，心都要碎了。"

古有花木兰替父从军，今有娘子军守堤为人民。在这场秋汛洪水防御攻坚战中，在各条战线、各个角落，都有女职工们忙碌的身影。她们是风里雨里参与巡堤查险的女侦察员，是奔走在防汛一线参与宣传报道的新闻记者，是守候在机关提供食宿保障的后勤管家，是全天无休保障防汛物资紧急调拨的仓库总管……

无数个"铿锵玫瑰"迎风斗雨，在百里长堤上傲然绽放。

关键词五：红旗漫卷

如果信仰有颜色，那一定是中国红！如果坚守有颜色，那一定是迷彩绿！

在这次历史罕见的黄沁河秋汛防御战中，"党建引领、党群携手"与以往防汛抢险工作相比是一个鲜明特色。以党旗引领战旗，激发红色"动能"。此次秋汛战洪水期间，焦作河务局在河道关键河段、防汛重要位置成立一线"临时党支部"6个，下设党小组17个，组建党员突击队19支、党员志愿服务队 11 支。设置巡查值守、隐患排查、汛情宣传、物资保障等党员示范岗，300 余名支部党员认领岗位，机关党委的同志还专为坚守防洪一线的党员配发了 200 多个红袖章，让一线党员亮明身份戴"章"上岗，用实际行动诠释"一个支部一个堡垒，一名党员一面旗帜"的誓言，把党的政治优势、组织优势、密切联系群众优势转化为抗洪抢险的强大政治优势，筑起一道道"红色堤坝"。广大共产党员牢记初心使命，发扬不怕疲劳、连续奋战的精神，坚持冲锋在前、迎难而上，勇当洪水防御主力军、急先锋。他们不讲条件的坚守和不计报酬的付出，夯实了一线阵地，在党和人民最需要的时候切实发挥了生力军和先锋队作用。

关键词六：胜利之师

10 月 29 日，洪水安全过境，标志着焦作黄沁河秋汛防御工作取得圆满胜利。

在这段激情抗洪的日子里，虽然我一直待在机关"后方"，却始终与前方战友们同频共振、息息相通。开心着他们的开心，忧愁着他们的忧愁，坚守着他们的坚守。

战时充满激情，赢时归于平静。当决战秋汛取得最终胜利的时候，疲惫的焦作黄河人只是静静地收兵回营，没有任何多余的热闹和庆祝。

黄河今秋，何以安澜？11 月 25 日，黄委召开 2021 年黄河秋汛防御总结表彰大会，黄委党组书记、主任汪安南的讲话就是我们要寻找的答案。

汪主任指出，在习近平总书记和党中央的关心关怀下，在水利部党组的坚强领导下，黄委积极践行"两个坚持、三个转变"防灾减灾救灾新理念，锚定"不伤亡、不漫滩、不跑坝"防御目标，强化"预报、预警、预演、预案"措施，团结流域各方、克服重重困难，科学部署、精细调度、主动防御、全面防守，最大限度地减轻了洪水灾害损失，打赢了黄河秋汛洪水防御这场硬仗。

这场防汛大考，是对黄河人"听党话、跟党走"的考量，是对"全河一家亲"团结奋斗的考量，是对"治理水患、造福人民"治黄专业能力的考量，是对黄河人"特别能吃苦、特别能战斗"奉献牺牲精神的考量。我们用事实证明，这是一支"越是艰难越向前，致胜万里山河间"的胜利之师。

心中有爱、眼里有光、肩上有责，建设"幸福河"的伟大征程任重而道远，我们要沿着习近平总书记指引的方向，咬定目标，埋头苦干，为黄河永远造福中华民族而奋斗不息、战斗不止！

善治功成水患息

——我的 2021 年防汛记忆

◎武陟第一河务局党组书记、局长　李雄飞

2021年，武陟第一河务局深入学习贯彻落实习近平总书记对防汛救灾工作做出的重要指示精神，落实省、市、县防汛工作会议精神，在大汛大灾面前，坚定信心、迎难而上，抓细抓实各项防汛工作，坚持人民至上，生命至上，实现了"不漫滩、不决口、不死人"防御目标，确保了黄沁河安澜度汛。

我作为武陟第一河务局负责人，能在2021建党百年这个特殊的年份，投入到黄沁河防汛工作，打心底觉得十分荣幸。回顾2021年汛期，我对武陟黄沁河抗洪抢险工作，有以下认识和体会。

精准研判　靶向施策

漫长的汛期，给我的最大感触就是我们防汛工作把握精准、调度科学、措施有效。

7月19~23日，沁河上中游普降大到暴雨，局部大暴雨，受降雨影响，7月23日武陟站出现1 510立方米每秒洪峰流量，武陟沁河堤防全线偎堤，沁河滩区全线漫滩。9月27日15时24分武陟站出现2 000立方米每秒的洪峰流量，为1982年以来武陟站最大流量。受持续强降雨影响，黄河中下游干支流发生较大洪水，黄河潼关站9月27日15时48分出现5 020立方米每秒的洪峰流量，花园口站9月27日21时出现4 020立方米每秒的洪峰流量，10月5日23时潼关站出现5 090立方米每秒的洪峰流量，花园口站流量达到4 800立方米每秒。

面对水量大、水位高、历时长、风险多的防汛形势，武陟第一河务局第一时间召开防汛会商会议，安排部署黄沁河防御工作，六次转入全员岗位责任制，设置综合组、督查组、抢险技术组、用水控制与行洪障碍清除组、通信与后勤保障组等10个职能组，全局职工按照全员岗位责任制要求，各司其职，密切配合，各职能组明确防汛职责，严肃防汛纪律，4名班子成员驻守4个一线班组，14名科级干部驻守7处险工1处控导，46名机关职工下沉一线，169名专业人员和群防人员开展巡查防守，严密监视雨水情变化，分析和预估辖区水位表现、工情险情，召开参加会议20余次，收发明电583份。全局上下形成统一领导、反应迅速、科学决策、处置有序的防汛应急系统。

举措有力　落实有效

此次汛期全局万众一心，以高度的政治责任感，坚决扛起责任，落实有效举措，高标准、高质量保卫了黄沁河安澜。

一是行政首长负责制有名有实。武陟县委、县政府双负责，各乡镇主要领导对辖区内黄沁河防汛抗洪抢险救灾工作负总责，武陟县于10月7日成立了武陟县黄沁河抗洪抢险前线指挥部，地点在大虹桥乡童贯班组，指挥长亲临一线部署指挥防守和抢险工作。武陟第一河务局辖区黄河河段由武陟县詹店镇承担属地主体责任，沁河河段由小董乡、三阳乡、木城街道办事处、龙泉街道办事处承担属地主体责任，武陟第一河务局承担技术指导职责，武陟应急管理局、水利局、消防救援大队、电力公司、医疗急救等其他成员单位按照防汛分工承担相应职责。

二是沿河群防队伍成长迅速，密切配合、鼎力支持。武陟县在汛期建立了黄沁河左右岸全覆盖的"三长三班六有"防汛工作机制，形成了纵向到底、横向到边、组织有效、指挥得力的防汛责任体系。在黄河老田庵控导以4道坝为1个单位，在沁河以1个险工为1个单位，按照1∶3的比例要求配备专业人员68人、群防人员132人，每个基本巡查单位配备16人，分4班，每班4人，每6小时一班，专业队伍与群防队伍相结合，分班分时段不间断开展巡坝查险工作。实施自身防护有保障、及时清滩有措施、巡堤查险有时效、应急救援有工具、抗洪抢险有机械、现场指挥有标识的"六有"保障措施等，形成时刻做好"防大汛、抢大险"准备的防汛防涝防险网络格局，全力保障县域内黄沁河防汛工作科学、高效、有序开展。

三是强化防汛督查筑牢纪律"堤坝"。做好24小时防汛值班带班和督查工作。武陟第一河务局防办及各职能组24小时值班，严密监视雨水情变化，分析和预估辖区水位表现、工情险情。期间多次深入一线，检查人员上岗情况，记录观测情况，及时通报督查结果，有效保证了防御洪水期间各职能组、各班组、抢险队的良好运行。

统筹力量　保障物资

此次汛期武陟第一河务局牢固树立起"一盘棋"思想，建立了"政府领导、应急统筹、河务支撑、部门协同、群防群控"的防汛机制，充分调动各方力量，形成防汛强大合力。

一是防汛队伍料物保障。在黄沁河险工和控导堤坝上放置大型机械设备20台，预制机械设备31台，照明设备33套，帐篷11顶。同时，在黄河老田庵控导工程配备移动照明车1辆、公交车1辆，救护车1辆，通信保障车1辆；共投入使用14台照明发电机，架设低压照明线路4 000米，大樊险工、老龙湾险工、老田庵控导工程共计安装照明灯具33套，其中大樊险工9套、老龙湾险工12套、老田庵控导工程12套，加强靠河工程夜间巡查照明。9月27日以来，武陟第一河务局所辖河道工程抢险共计9道坝27次，累计用石6 052立方米，消耗铅丝网片1 422张，吨袋60个，覆膜编织布2 000平方米。

二是及时进行交通管制。为保证防洪工程和人民群众的生命安全，武陟县人民政府发布交通管制令，对王园线（原武交界处至武温交界处）以南路段和沁河大堤实施交通管制，禁止一切车辆通行，防汛公务车、应急救援车、防汛物资车、救护车和警车等特种车辆除外。公安机关加大巡查力度，沿河乡镇办事处组织安排人员在进滩、上滩路口值班值守，在沁河大堤沿线布置卡点34处，黄河滩区设置卡点27处。在重要地段和路口安设警示标示标牌12个，悬挂涉水安全警示条幅86条，对黄沁河滩区各类人员进行彻底清离，劝阻群众远离河道。利用电视、微信、公众号以及乡村大喇叭、流动宣传车等多种方式宣传，及时发布汛情及交通管制信息，做到家喻户晓、人尽皆知。

三是科技支撑，无人机"巡河"大显身手。通过无人机对沁河全段河势、漫滩等情况进行查勘，我们收集了第一手资料，绘制了不同流量级下沁河河段河势图及淹没图；利用无人机对辖区河道涉水项目危险源进行空中排查，确保无遗漏，要求船只、浮体等设备管理人员（单位）做好锚固和监管工作，确保所有船只、浮体锚固牢靠，整个汛期未出现船只、承压舟、浮体漂失现象。无人机的运用，让我们切实感到了科技带来的便利。当然，在今后防汛工作中对新科技的应用方面，我们还有很大的提升空间，比如沁河流量监测设备较少、黄河滩区通信基站少、信号较差等，这些都是需要改进的地方。

总而言之，从7月到10月，从短袖到冬装，今年汛期之长、汛情之复杂，在我20多年的工作中也是罕见的。

我们的干部职工，在面对汛情时迎难而上、奋勇争先的拼搏精神，默默承受、舍小家为大家的奉献精神，栉风沐雨、风餐露宿的艰苦奋斗精神，让我深深地感动、震撼。

秋汛已平，可建设"幸福河"的征程才刚刚开始。10月22日，习近平总书记在深入推动黄河流域生态保护和高质量发展座谈会上强调，咬定目标、脚踏实地，埋头苦干、久久为功，为黄河永远造福中华民族而不懈奋斗。

长路漫漫，唯有努力。何其有幸，欣逢盛世，取得了2021黄沁河洪水防御战的胜利之后，我辈自当继续勉励奋进，继续为黄河流域生态保护和高质量发展添砖加瓦，为"幸福河"建设贡献力量，才不负于时代，不负于人民。

我眼中的群防队伍培训

◎常利芳

2021年的这场大洪水是我参加工作以来经历过的沁河历时最长、水量最大的一次。这次大洪水对我们的各项防汛工作进行了一次彻底的检查，对群防队伍的巡堤查险等业务也提出了更高的要求。

突降大雨 "纸上谈兵"终觉浅

7月11日上午，焦作开始普降大雨，汛情预报沁河支流丹河将有一次较大的洪水过程，单位第一时间启动了全员岗位责任制，按照黄沁河防汛预案要求，沿河各乡镇、街道办事处组织群防队伍开始上堤进行巡堤查险。

长年以来，我们对群防队伍的培训都是在乡镇会议室进行"纸上谈兵"，这次突如其来的大洪水，暴露出了群防队伍在巡堤查险过程中责任不清、任务不明、措施不具体、隶属不明确、处置不专业等问题和短板。

针对"7·11"强降雨时黄沁河防汛预案执行中存在的问题，我们及时查找问题根源，进行了总结；同时，武陟县委、县政府对照"7·11"应急处置工作中存在的问题和短板，探索建立了黄沁河左右岸全覆盖的"三长三班六有"防汛工作机制，通过设立防线长、防段长、组长"三长"组成三级防线体系，健全每个责任组主汛期24小时全天候三班值守制度，实施自身防护有保障、及时清滩有措施、巡堤查险有时效、应急救援有工具、抗洪抢险有机械、现场指挥有标识的"六有"保障措施等，形成时刻做好"防大汛、抢大险"准备的防汛防涝防险网络格局，全力保障县域内黄沁河防汛工作科学、高效、有序开展。

这些总结与机制的建立，本来是希望为今后防汛工作提供一些参考与保障。但谁也没有想到的是，这只是一个开始……

全力备战　群防群治筑防线

7月中下旬，太平洋上形成了强台风"烟花"，7月16日上级下发了"关于应对17~19日沁河上游降雨"的文件，我们启动了第二次全员岗位责任制。按照黄沁河防汛预案要求，沿河各乡镇、街道办事处再次组织群防队伍上堤，开始进行巡堤查险。

7月20日，李雄飞局长安排我和孟虎生局长到大堤现场，对群防队伍进行巡堤查险相关知识培训。

我到现场之后发现，由于沿河大量青壮年劳动力外出务工，群防队伍人员基本上都是中老年人。为了保证培训质量，我们先和沿河乡镇主要负责人联系，让他们组织分包该乡镇堤段的行政事业单位人员和一些相对年轻的人员，担任本次巡堤查险小组的组长。我们先对这些组长进行培训，然后再由这些组长指导、带领组员进行巡堤查险。

由于武陟第一河务局辖段沿河乡镇较多，为了保证在最短时间内将组长培训到位，并且让他们明白巡查范围及巡查内容，我们制作了易懂、易记的巡堤查险日志，将各类险情打印在日志表格中，巡查人员若发现这类险情，在表格内画"√"就行了。

我和孟局长怕只靠单纯的讲解，群防队伍不能完全理解，就联系了各个乡镇的驻一线带班局长，让他们安排准备巡堤查险工具，我们对群防队伍进行一次现场演示。

一切准备就绪，我和孟局长就开始和沿河各乡镇联系确定培训时间及培训地点。由于正是夏季，天气炎热，老百姓习惯穿拖鞋及短裤，每到一个培训地点，我们首先强调的就是巡堤查险中人身的安全，反复强调巡堤查险过程中不能穿拖鞋及短裤，一定要保证人身安全。之后，我们才开始讲解巡查范围、巡查要求、巡查方法等巡堤查险知识。讲解一遍让大家有一个初步印象之后，我会再讲解第二遍。讲第二遍的时候，我们单位的职工就按照我讲解的步骤进行同步演示，在演示过程中，若组长有什么不明白的地方，我都耐心地现场进行解释，直到大家全部掌握为止。

一天之中，我和孟局长带领着我们的技术指导人员，将4个沿河乡镇群防队员全部培训了一遍。由于现场群防队员很多，有时候我甚至要站到备防石上，拿着小喇叭给大伙儿讲解。

夜里回到家，身体虽然有些疲惫，但是一想到群防队伍是巡堤查险中不可缺少的力量，培训好他们才能及时发现问题解决问题，这些疲惫瞬间烟消云散。又想到孟局长，作为一名59岁即将退休的领导，在防汛面前就像一名勇敢的战士，事事冲锋在前，在培训现场耐心地给群防队员讲解各类险情的识别、巡查日志如何填写、巡堤查险注意事项等内容，看着他那认真的样子，我才发现治黄人的每份坚守、每份付出都是对责任的诠释。

把握细节　扛稳防汛金标准

为了让每个群防队员都能熟练掌握巡堤查险知识，7月24日，我们与武陟融媒体结合，准备将巡堤查险知识拍成短视频。

在拍摄现场，为了保证拍摄效果，我们挑选巡堤查险业务最为熟练的一线职工进行拍摄，并在现场进行配音。拍摄完成后将视频及时发布在每个乡镇的巡堤查险工作群里，方便群防队员学习，并且通过短视频平台进行了发布，将巡堤查险知识宣传到沿河普通群众。

这次全方位的巡堤查险知识培训，形成了纵向到底、横向到边、组织有效、指挥得力的防汛责任体系，有效地解决了责任不清、任务不明、衔接不畅等问题，保障了防汛值守人员的安全，形成了闭环的工作成效。

在7月11日至10月29日这一百多天的漫长汛期里，各个靠水的坝头"流动"着橘红色的身影。我们一线118名巡查人员与2 165名群防队员一起筑起了一道防洪安全屏障，他们用脚步丈量汛情，不分昼夜值班值守，密切关注水位变化，确保发现险情第一时间快速处置到位，保证了群众生命财产的安全，确保了黄沁河安全度汛。

这次武陟县"政府主导、行政事业单位牵头、群众参与"的群防队伍组建模式也有效地解决了群防队伍组建难的问题，给防汛防守提供了有力的保障。作为河务部门，希望以后这样的群防队伍组建模式可以有越来越多的新机制、新举措，从而确保黄沁河安澜。

我想，如果明年的群防队伍培训有需要的话，我还会像今年一样不辞辛苦、冲锋在前！

疾风知劲草　大汛显担当

——2021年防汛随想录

◎武陟第二河务局党组书记、局长　崔锋周

2021年的汛期极不平凡，自6月19日黄河调水调沙起，至黄河历史罕见的秋汛结束，历时134天。期间：7月11日15时54分沁河支流丹河山路坪站出现洪峰流量1 170立方米每秒，为1957年以来最大流量；7月23日3时12分沁河武陟站出现洪峰流量1 510立方米每秒，为1982年以来最大洪水；9月27日15时24分，沁河武陟站流量2 000立方米每秒，再次刷新1982年以来沁河最大洪峰纪录；9月27日15时48分黄河潼关水文站出现洪峰流量5 020立方米每秒，形成黄河2021年第1号洪水；9月27日21时黄河花园口站流量达到4 020立方米每秒，形成黄河2021年第2号洪水；10月5日23时黄河潼关水文站流量达到5 090立方米每秒；10月9日黄河小浪底水库水位达到建成以来最高273.5米。

沁河告急……黄河告急……

党建引领　坚定信心

作为肩负黄河、沁河防汛两副重担的武陟沁南段河务部门，面临的防汛情况异常复杂，扛起的防汛任务更加繁重。但是在习近平总书记和党中央的关心关怀下，在水利部、黄委、省市局和各级政府的坚强领导下，全局干部职工积极践行"两个坚持、三个转变"防灾减灾救灾新理念，锚定"不伤亡、不漫滩、不跑坝"的防御目标，克服重重困难，科学部署、精细调度、主动防御、全面防守，最大限度地减轻了洪水灾害损失，打赢了黄沁河洪水防御这场硬仗。

为打赢这场没有硝烟的洪水阻击战，我局先后5次启动防洪运行机制，6次启动全员岗位责任制。领导班子、中层以上干部带头驻守防汛一线，成立了临时党小组，组成党员突击队，迅速投身到防汛一线，在防汛一线吹响了党员先锋号角，让党旗在黄沁河防汛一线高高飘扬，筑起了坚不可摧的"红色堤坝"。全局干部职工发扬"特别能吃苦、特别能战斗"的精神，放弃了国庆、中秋假期和周末休息时间，迎着困难逆流而上、无畏艰难、顶风逆雨，时刻牢记防洪使命，夜以继日，全员投入到防汛抢险工作中，雨中围堵涵闸、指导群防队伍开展巡堤查险、河势水位观测、雨毁排查及修复、防汛抢险物资调运、险情抢护……历历在目、记忆犹新。

率先垂范　亲力亲为

7月20日凌晨1时，当接到沁河新一轮的汛情时，我立即组织中层以上干部进行防汛会商，分析当前沁河防汛形势、安排部署防汛重点工作，会议简明扼要、言简意赅，只有短短的15分钟，重点部署了沁河闸前围堵、人员分工、料物调运等事宜。会议结束后，我随即拿起雨伞冲进了雨夜中，坐在车上，默默地望着车外的沁河大堤和不停起伏的河水，我的心情有些沉重，但是当看到夜幕中灯火通明的"战场"和众多忙碌的身影、机械时，给了我足够的信心。因为我坚信在以习近平总书记为核心的党中央的坚强领导和各级领导的高度重视、科学调度下，我们一定能够战胜来势汹汹的洪水，抵御自然灾害，确保工程安全、人民群众生命财产安全。而现在我们的第一要务就是要和洪水抢时间、与洪水比速度，跑出防汛抢险"加速度"，确保在洪水来临前封堵住所有的闸门，确保洪水按照我们的意志安全下泄。

一切安排妥当后，我立即赶赴最上游的王顺涵闸，穿上雨衣，冲进了雨中，加入到了"扛袋大军"，扛起装好的沙袋，踩着泥泞的堤坡，一袋、两袋……身上早已分不清是汗水、雨水还是泥水，直到天光微亮，才被同样满脸泥水的北阳班长王军杰发现，他急忙问道："崔局长，你怎么也在扛沙袋啊，啥时来的。"我笑了笑拍着他的肩膀说道："怎么，我就不能扛沙袋了，多一个人多一份力量嘛！"看着快要封堵好的王顺涵闸和强忍疲惫更加卖力的"泥人们",我拖着疲惫的身躯,赶向了下游的涵闸……

统筹安排　合理调度

(一) 指挥调度

按照上级要求及时启动防洪运行责任制和全员岗位责任制。明确领导分工和各职能组成员及其职责,成立综合组、水情与灾情组、工情与险情组等职能组。对岗位责任、技术责任、班坝责任等各项防汛责任制进行修订,确保工作有人管、责任有人担、任务有人抓,确保各项责任落到实处。

(二) 责任制落实

严格落实行政首长负责制。武陟县委、县政府双负责,各乡镇主要领导对沿河乡镇、办事处黄沁河防汛抗洪及抢险救灾工作负总责,促请武陟县于10月7日成立了武陟县黄(沁)河抗洪抢险前线指挥部,指挥部设立在沁河右堤童贯班组,指挥长亲临一线部署指挥防守和抢险工作。

落实县委、县政府"三长三班六有"防汛工作机制,通过设立防线长、防段长、组长"三长"组成的三级防线体系、健全每个责任组主汛期24小时全天候值守制度,每组12个人,分三班,每班4人,每6小时一班,进行四班轮岗值守。

(三) 防汛队伍料物保障

在驾部控导、花坡堤险工和沁河7处险工配备27台(辆)抢险设备待命。落实1支50人的消防救援队伍,武陟第二河务局抽调24名精干力量组成专业抢险队,随时准备抢险救援。架设低压照明线路3 960米,黄沁河4处险工(白水、五车口、朱原村、花坡堤)和1处控导(驾部控导)共计安装照明灯具19套,配备移动照明设备7套,做好"随时抢、抢得住"的准备。

(四) 巡查防守及抢险

按照相关文件规定,及时调整辖区工程巡查值班人员。每处工程明确一名班子成员驻守一线,按照专业队伍和群防队伍1∶3的比例配足巡堤查险力量,开展24小时不间断巡堤(坝)查险。专业队伍与群防队伍相结合，分班分时段不间断开展巡坝查险工作。所有基本巡查单位都张榜公示了巡查人员名单及值班时段和分组安排。

9月27日15时24分，沁河武陟站流量达2 000立方米每秒，沁河水在花坡堤险工联坝3+600处坐弯，形成横河河势，27坝—28护岸联坝背河再次发生滩地及护坝地持续坍塌现象，且坍塌速度快。至9月29日，坍塌长度约700米，最大坍塌宽度约25米，均宽约7.5米，坍塌总面积约7.9亩。9月29日17时40分，裹头处发生根石坍塌一般险情，27坝—28护岸联坝背河护坝地也仅剩不足1米宽度，危及联坝坝基安全。

接到险情通知后，我第一时间赶到花坡堤险工出险堤段，并组织业务精、能力强的高级技师张军、郭超等精干力量，分析研究出险原因，制订了"先抛铅丝笼、柳石枕固根、再抛散块石护坡稳定险情"的抢险方案，协调北郭乡群防队伍调运抢险所需柳料，组织抢险队员迅速抢护险情，由于人员不足，及时向市局报告，协调河务一局、温县、博爱等兄弟单位15名专业抢险队员参与此次抢险。经过3昼夜的连续奋战，险情得到有效控制。

（五）涉水安全管理

一是县防指向沿沁各乡镇（街道）下发了《关于沁河滩区清滩的紧急通知》。二是武陟县公安局发布交通管制令，对沁河堤防及黄河滩区王园线以南实施交通管制，禁止一切车辆通行。沿河4个乡镇组织安排人员在上堤进滩路口值班值守，对上堤进滩人员全部劝离。三是做好各项防溺水工作宣传，借助通信短信、小喇叭、公众号、抖音、微信等发布预警信息，在防洪工程、重要上堤路口设置安全警示牌、悬挂横幅、粘贴标语，提醒沿河群众自觉远离河道、远离危险。四是对阻碍行洪的水上漂浮物等再排查，再落实，提前拆除，并运离河道范围，严禁在河道内游玩、捕鱼等涉水作业，确保人员安全。五是对所有巡查人员进行安全培训，签订防汛安全责任卡（巡坝查险、抢险加固、后勤生活安全须知），发放巡堤查险明白卡。

（六）信息技术应用情况

一线值班人员每日两次拍摄工程靠河、堤防偎水、平滩流量视频及照片，测量临背水位高差，进行根石探摸；技术人员利用无人机对河势情况、漫滩情况、工程靠送溜情况等进行全景拍摄。全面掌握河势、工情及偎水等情况，为分析研判及指挥决策提供支撑。

（七）后勤保障

后期保障组认真做好汛期车辆、人员食宿、领导接待工作，为职工发放冲锋衣、羽绒服、棉大衣等防寒御寒衣物，让一线职工"穿暖"；为一线班组送去肉类、蛋类、水果等食品，让一线职工"吃饱"。为值守人员配备雨衣、雨靴，送棉被、手套，每个值守点配备暖水壶，24小时供应热水、热食。

凯旋而归　收获颇多

2021年的汛期是谁也没有想到的持久，从身着短袖冲上"战场"，到裹紧棉衣查看河势，温度的骤降抵不过黄河人的赤诚热血，狂风暴雨的袭击打不垮黄河人的铮铮铁骨。面对如此长的时间，如此大的洪峰流量，对于我及全局干部职工来说，都是职业生涯中前所未见的，在这场大考面前，我们都是理论充足但却没什么经验的"新人"，只能以小心谨慎、详细计划、缜密筹备来面对。任务重，人手吃紧，自然就需要一人身兼多职，在工作中，我既是统筹领导者，又是抢险指挥员，亦是汛情记录员，也是河势观测员。面对不会的，就一个字——学。操作无人机进行河势查勘、观测水尺、探水深……都是我在这场持久战中收获的"战利品"。当真正的脚踏实地，一件一件事的亲身感受过、经历过，才能品味到"初心"的真正含义，"使命"的真正需要。人生也正如此相似，考验永远不会在你准备好的时候降临，我们能做的唯有在日常中多学、多看、多想，满腔热血、时刻准备、全力以赴。

工作的历历写实是一面镜子，照出曾走过路的真实风霜雨雪。成功不可能一蹴而就，问题自然不会迎刃而解。洪水退去，历经洗礼，虽然身体疲惫，但在这次迎战大洪水中真操实练了一番内心感到无比澎湃。维护黄沁河安澜与长治久安不是一句纸上谈兵的口号，是需要始终如一坚守、矢志不渝奋斗的长久过程，站在这次成功的落脚点继续向前方眺望，又是一路未知的新征程！

心中有信仰，脚下有力量

◎张　军/口述　　芦卫国/整理

从仲夏到深秋，调水调沙连着伏秋大汛，从短袖到棉衣，从酷暑难耐到秋风萧瑟。2021 年的汛期，是那么的漫长、那么的惊心动魄，历经"7·11""7·23""8·23""9·19""9·24"等强降雨、大流量洪水考验，又于 9 月 26 日转战秋汛防御，一次次的卷"水"重来，一组组被刷新的水位、流量数据，一场场的洪峰阻击战……

作为一名治黄人，我亲身经历了 2021 年不平凡的黄沁河伏秋大汛。

汛情如令，责任如山

7 月 20 日凌晨 1 时 30 分，天空下着小雨。

"喂，是张军吗？赶紧来机关三楼会议室开会。"电话铃声响起，电话那头是武陟第二河务局的崔锋周局长。

"好的，马上到。"挂完电话，我"全副武装"，立马捞起一把雨伞冲向了雨中。一路上我小跑着，心里嘀咕着：局长半夜打电话来一定是有什么重要事？会不会跟最近的降雨有关？

来到会议室后，看到所有的班子成员、中层干部都到了。他们埋着头不说话，没有了昔日开会前热闹的景象，此时屋里正弥漫着一种紧张而严肃的气氛，我心想："一定有大事发生！"。

"咱们长话短说，相信大家对近期的雨情和汛情都有所了解，今年天气变化无常，连续几天强降雨，黄河上游多条河流超警戒水位……刚刚接到上级通知，让咱局在洪水来临之前务必将沁河右堤所有涵闸围堵料物备好，并于今天 2 时前上报涵闸围堵实施方案；8 时前落实好各类围堵物资及机械。"随着崔局长的讲话声，会议开始，大家都全神贯注地听着。

"张军同志负责沁河涵闸围堵的料物准备及运行观测任务，并在洪水期间担任我局黄沁河的防汛抢险技术总指导，负责对地方群防队伍开展业务知识培训、指导险情抢护等工作。"

短短几分钟的会议，看得出领导紧促的心情，作为一名常年守护在黄沁河堤防上的治黄人，感觉得到今年的汛情异常严峻。

会议结束后，我立即联系财务科有关人员开始协调防汛物资调运，同时联系机械、组织并分配好相关人员，一部分人去沁河童贯防汛仓库装运编织袋，另一部分人去黄河驾部控导班仓库准备铅丝网片，剩余的人去安排砂石料，并叮嘱他们务必在今早8时前将所有防汛料物按规定的数量、规格及要求存放在指定的位置。五车口闸、东白水闸、王顺闸，路程一个比一个远，当最后一批围堵料物送到王顺闸时，我清晰地记得手机上显示时间已是凌晨5时40分。

那晚，雨下得很大，划过脸庞的雨水模糊我的双眼，但却未模糊我的意志，一夜的劳累使我忘掉了自己身上还带着病痛，虽然脖子上贴着膏药，但为守护黄沁河安澜，确保人民群众生命财产安全不受威胁，我心中就有一个信念——坚持，坚持，再坚持。

不忘嘱托，言传身教

7月21日，我按区域分段集中对黄沁河所有群防队伍进行现场防汛业务知识再培训，重点培训怎么巡堤查险、怎么鉴别险情、怎么报告险情、出险后怎么抢护，着重讲解什么叫"五时五到、三清三快"，用言简意赅、通俗易懂的话语让他们尽快掌握防汛基本知识，而后指导大家进行实地操作，并讲解技术要领。

在沁河五车口险工培训结束后，县委书记秦迎军握着我的手，亲切地对我说："张军同志，今年雨水多，防汛任务重，巡堤查险关键是人，尤其是查险人的业务技能。因此，你作为国家级技能大师、高技能人才，一定要培训好群防队伍，守住大堤，坚决不能出事，有什么需要及时上报。"此刻，秦书记的一番话使我倍感肩上的责任重大，也更加坚定了守住沁河安全度汛的信心。

这一天，我奔波在沁南辖区近50公里的黄沁河堤防上，从大虹桥乡到北郭镇、大封镇、西陶镇，我共培训了七场次，受训人员1 000余人次，结束时已是下午5时，一天的进食也就两包方便面和几瓶矿泉水。

仔细排查，消除隐患

7月23日，沁河下游武陟水文站出现1 510立方米每秒的洪峰流量，最高水位106.01米，超过该站警戒水位0.34米，沁河堤防全线吃紧，所有防汛人员都坚守一线，我作为防汛抢险技术负责人更是不敢有半点马虎，每日以十二分的精力关注黄沁河可能发生的各种险情。

"喂，你好，是张军吗？沁河右堤56+030临河内出现冒泡现象，你快来看一下。"打电话的是岳庄村巡堤查险的一名村干部。由于滩区常年干涸，这次突如其来的洪水使临河距大堤三米远的地方，有一处从下向上冒泡的现象，我仔细观察周边情况，推出该地下边有可能是因枯井和朽木腐烂所致，并叮嘱该段堤防巡查人员昼夜不间断地观察，做好冒泡频率及大小的记录，观察冒泡现象发展情况，4个小时后，观察人员电话告诉我冒泡现象没有了。

7月24日，在新右堤0+010背河堤肩向下6米处，巡查人员发现长约5米内有3处地方出现清水渗出，他们立即对现场进行警戒，当我到达现场观察后，发现该现象虽有渗清水现象，但不是渗水险情，其特征是渗水时有空气冒出，判断这种现象是因背河长年干旱，土质松软，因前几天下雨比较大，导致多余的雨水由此渗出，"险情"原因分析后，我叮嘱巡查人员24小时蹲点看护，对这种现象按时间和渗水大小做好记录，有情况立即报告，经过一昼夜观察，该现象从有到无自然消失。

"王顺险工3垛圆头有一个一米见方、深60厘米的坑，你看我们怎么处理。"王顺村书记打电话来这样跟我说。这一段是商业总公司和王顺村管辖的堤段，我到达现场后仔细观察该坑是因强降雨所致，并告诉村书记以后遇到类似情况，首先让人用铁锹将上边覆盖的草皮清理干净，判断底下是空洞还是硬土。若是硬土将杂草清除，垫土压实就行；如若是空洞，就用挖掘机将沉下的土全部挖出，直到挖至硬土后逐层夯实进行回填。

7月26日18时，武陟站报告沁河流量是618立方米每秒，虽然大水已经退去，但巡堤查险仍在继续，关键五时"黎明时、吃饭换班时、傍晚时、狂风暴雨时和退水时"，我们期待最后的"退水时"大堤依然安澜无恙。

合力攻坚，鏖战洪魔

9月27日15时24分，武陟站流量2 000立方米每秒，再次刷新1982年以来沁河最大洪峰纪录；同日15时48分，黄河潼关水文站出现5 020立方米每秒的洪峰流量，受黄沁河同时来水影响，沁河水在花坡堤险工联坝3+600处坐弯，形成横河河势，27坝—28护岸联坝背河发生滩地及护坝地持续坍塌现象，且坍塌速度快。至9月29日，坍塌长度约700米，最大坍塌宽度约25米，均宽约7.5米，坍塌总面积约7.9亩。9月29日17时40分，裹头处发生根石坍塌一般险情，27坝—28护岸联坝背河护坝地也仅剩不足1米宽度，危及联坝坝基安全，甚至有可能造成滩区群众经济财产损失。

当我正在沁河堤上巡查时，崔局长打来电话："张军，赶紧来花坡堤险工。"

到达现场后，我认真查看了河势、水情及工情，分析了大溜顶冲的原因，根据观测的河势、水情、工情、险情等状况，本着"人民至上、生命至上"的原则，我建议采取"先抛铅丝笼、柳石枕固根，再抛散块石护坡稳定险情"的抢险方案，防止滩地进一步坍塌，避免土联坝靠河，危及坝基安全，并合理计算出所需人工、机械及抢险料物。该方案得到上级的肯定，并准予尽快实施。

抢险开始后，我作为技术指导负责人一直坚守在抢险现场，不分昼夜，主动靠前指挥，现场协调抢险物资、指导专业抢险队和群防队伍有序进行捆抛柳石枕、装抛铅丝笼、指挥机械散抛石加固等防汛抢险工作，有力促进了险情抢护工作的高效开展。

由于抢护方案正确、措施得力、抢护及时，险情得到了及时有效的控制。据统计，9月26日至10月20日期间，我们累计对花坡堤工程3道坝进行险情抢护和预加固11次，确保了黄河花坡堤险工工程的完整与安全，保证了人民群众的生命财产安全。

心中有信仰，脚下有力量。为夺取防汛抢险的全面胜利，我全力以赴，同时间赛跑，与洪水作战，开展了一场惊心动魄秋汛洪水防御保卫战。风雨中，黑夜里，是我的工作时态；电机轰鸣、蚊虫叮咬是我的生活情景；一场场的洪峰阻击战，使我收获颇多，真切地感受到群防队伍的本色与善良，辛苦与可敬！走进一线，走进基层，向群众学，向实践学，是我们黄河人锤炼党性、增长才干、发挥作用的永恒课题和不竭源泉，不断助力让黄河成为造福人民的幸福河！

蜕变的温孟滩　不变的安澜情

◎温县河务局党组书记、局长　马锋利

我的脚下有这样一片土地，它见证了人民革命武装夺取政权的伟大胜利，描绘着人民治黄共建幸福河的波澜壮阔，记载着滩区移民群众繁衍生息的欢声笑语。这里就是温孟滩。

25年前它经历过"96·8"洪水，25年后的今天它又经历了自中华人民共和国成立以来的罕见秋汛。它从华中沙漠蜕变成生态宜居，蜕变中的温孟滩始终不变的是温县治黄人用实际行动和专业精神诠释的"人民至上、生命至上"的人间大爱。

温孟滩是河南省温县和孟州境内黄河滩区的简称，位于黄河小浪底下游32公里处，滩区面积广袤。千百年来，温孟滩随着黄河水势，时水时滩，时草时田。一条称不上路的坎坷小道，是滩区群众生产耕种的唯一道路。改革开放以后，特别是党的十八大以来，温孟滩如诗如画，成片的玉米、花生错落有致，丰收在望。沿着王园线生态廊道徒步前行，迷人的花香迎面扑来……

厚重的大爱情怀

翻开历史的长卷，黄河一直被称为是一条灾害性的河流和最难治理的河流。为了整治河道，让黄河规顺主河槽。20世纪70年代温孟滩上陆续新建了开仪、化工、大玉兰等河道整治节点工程。那时候的温孟滩沙石、沙坑连片，大风刮起，天昏地暗，飞沙走石。

前一秒风沙遍野，后一秒就可能是洪水漫滩。1996年8月，那是一场记入史册的洪水……据资料记载，1996年8月河务局负责的温孟滩移民改土区施工工地正在紧张进行中，大量的施工人员和设备都在滩区。那年汛期,黄沁河同时涨水,并且当时属于地方水利局管理的蟒河也发生超标准洪水。温县新蟒河南堤决口,蟒河水在温孟滩里一泻千里。黄河在温孟滩大玉兰控导工程上首形成入袖河势,主流分成两股,一股流向大玉兰控导工程后路,另一股则沿着大玉兰控导工程治导线行洪,工程临背偎水。高水位漫过温孟滩防护堤33坝—37坝及联坝,黄河与蟒河在温孟滩中相遇,形成了黄蟒汇流的滩区淹没景象,蟒河以南的温县滩区一片汪洋。河务局及时报请地方行政首长启动迁安救护预案,陆庄、朱家庄等7个村庄为了躲避"96·8"洪水提前搬出滩区。

那年小浪底温县移民新村开建,温孟滩即将接收小浪底移民群众4.46万人,盐东村是洛阳新安县移民至温县黄河滩区的第一个移民村庄。盐东村原村支部书记陈春平这样回忆道:当时移民群众先前组成工作队提前到达温孟滩,主要任务是监督移民村房屋等基础设施建设,随他们一起来的还有一些村里的施工队,他们在工地上包工做活。8月,突如其来的洪水是第一次见到,当时河务局和乡镇政府的同志让他们先撤离到安全地带,等到抢险结束、汛情稳定后再回来,但是陈春平俨然拒绝了。陈春平依然清楚记着当时自己的回答:"我们哪有自己的家不守的道理!"由于移民村的地势低洼、积水严重,工地上的建材、水泥等材料都被积水淹没,陈春平和他带领的移民群众放下建设任务,毅然决然地投入抗洪抢险的战斗中去……

和合与共战秋汛

2021年,黄河经历了中华人民共和国成立以来最罕见的秋汛,自7月入汛以来,由于连续强降雨,特别是"7·11""7·23""8·23""9·27"连续4次较大洪水和强降雨考验,黄河干流、伊洛河、沁河同期发生中华人民共和国成立以来的最大洪水。9月27日至10月5日仅9天时间内,黄河连续发布3次编号洪水预警。接到预警后,温县河务局第一时间上报所辖地方行政首长,并对迎战本次秋汛来水科学做出预判。河务与地方政府紧急成立黄河现场指挥部,温县县长李培华坐镇指挥,针对大玉兰控导工程险工险段及所在行政乡镇分别设立了工作小组。县乡各级行政首长下沉分包防汛责任段一线督导，县领导、河务、应急、乡镇合属堤防上办公，共同协商应对措施，解决秋汛防御各项急难险重问题。从黄河专业队伍到防指成员单位再到县乡村三级群防队伍，黄河大玉兰控导工程61名专业技术人员组织协调210余名群防队伍24小时以巡带训开展巡堤查险。大家严阵以待、各负其责、联防联控、连点成线，形成工作闭环，使这场洪峰流量顺利平稳度过温孟滩。温孟滩实现了"人员不伤亡、滩区不漫滩、工程不跑坝"的防御目标！

回望这惊心动魄的32天、768个小时，从源头上防范化解重大安全风险，真正把问题解决在萌芽之时、成灾之前。习近平总书记的殷殷嘱托，在这场防御秋汛攻坚战中转化成脚踏实地的行动、转化成531名专业及群防队伍勠力同心的抗洪力量。如果非要用几个关键词形容的话，我觉的应该是"和合与共、人民至上、生命至上"。

温县是太极拳的发源地，同时也是河南小麦高产第一农业县。党的十八大以来，以温孟滩为主要粮食主产区的河南温县，率先成为黄河以北第一个亩产吨粮县、全国小麦亩产千斤县，连续30年保持全省小麦平均亩产量第一名。温孟滩的安澜事关河南粮食安全。如果说"96·8"洪水温孟滩还是黄河中下游的滞洪区的话，那么今日之温孟滩则是黄河高质量发展之北方小粮仓。

众志成城护安澜

2021年虽发生罕见秋汛，但对于温孟滩群众来说，他们不仅没有影响秋收，没有影响生产生活，并且还全程参与到了巡坝查险当中。这与1996年相比之下，群众的安全感、幸福感得到极大满足。这不仅得益于小浪底水库及三门峡上游水库的综合调度；还得益于行政首长负责制和河湖长制从有名到有实的转变；得益于全河上下黄河铁军负重前行从被动抢护到全线主动防御的转变；更加得益于黄河系统内外全体民众流域一盘棋的万众一心、众志成城。

自决战秋汛洪水防御攻坚战打响以来，按照河务与群防1∶3的工作部署，温孟滩的移民群众组成巡查队伍，分别前往各自防守责任段开展巡坝查险工作。10月1日，正值国庆假期，举国欢庆，在黄河大玉兰控导工程24坝上，温县河务局抢险队员褚滑锋正在给参加巡坝查险的群众开展业务知识培训，他们都主动放弃国庆假期，投入到秋汛防御保卫战中。队伍中一眼就找到了盐东村现任村支部书记陈毅，他是盐东村搬迁到温县后的第二任村支部书记。

面对罕见秋汛，盐东村所在的黄河街道号召沿黄各村青年干部组建成防汛突击队，陈毅积极响应并主动报名，成为奋战在防洪第一线的群防突击队员。陈毅说："我是支部书记，最困难的工作，最辛苦的岗位，我必须先上。"

盐东村由于紧邻大玉兰控导工程，他们在本次秋汛防御中的主要任务有两项：一是按照一村4道坝的责任分工进行巡坝查险，负责大玉兰控导工程30坝—33坝。二是针对上堤的防汛路进行管控。接到防御任务后，陈毅和村里的12名群众分成4组，每组3人与河务局专业队伍一起进行工程巡查。他说群众积极性都挺高，还实施了"红袖标"工程。"红袖标"工程就是村里充分发动党员群众和积极分子，带上红袖标义务参与巡坝查险。盐东村"红袖标"共分成4支巡查小分队和2支道路管控小分队。其中，巡查小分队每支共有3人，1人手拿探水杆主要负责探测水深、1人观测河势变化、1人携带救生圈和救生绳，发现问题第一时间向河务专业技术人员或是盐东村委报备。道路管控小分队主要是对上堤耕种群众进行劝阻。像盐东村一样的"红袖标"共有10处，分布在大玉兰控导工程各坝垛护岸。

携手共建幸福河

2021年抵御暴雨洪水亦是一场全民战斗，人民群众是这场战斗中的主体力量。

回首温县黄河秋汛防御有八条经验，即"八个到位"值得总结：一是组织机构到位。黄沁河分别成立抗洪抢险前线指挥部，设置了相关职能组，明确了职责分工，提高了快速反应及指挥力度，压实地方政府的防汛责任。二是清滩防守到位。公安局发布交通管制令；沿河各乡镇加大进滩上堤路口管制和防洪避险宣传，县防指印发通行证和袖标，上堤进滩凭证通行，确保人员安全。三是责任落实到位。把责任从总体要求变成具体落实，责任落实到坝垛，落实到人、落实到每一小时。政府领导应急统筹，在组织群防队伍、预置机械设备、防汛料物补充、调度社会力量等方面，行政首长负责制得到体现。四是除险加固到位。变被动抢险为主动加固，根据工程河势和根石情况，提前研判，主动作为，对缺根石坝、靠大溜坝进行除险加固，保证了工程安全。五是群防群治到位。2021年的秋汛防御由河务部门一家独舞转变为"政府主导、应急统筹、河务支撑、部门协同"的黄河抢险机制。公安局负责交通管制，乡镇（街道）负责路口卡点设置和群防队伍组织与机械预置，供电公司负责靠河工程照明架设，县防指负责督导检查等。多部门联防联控，确保了人员安全、工程安全。六是巡查防守到位。专业与群防队员1∶3配备，以4道坝为1个巡查单位，能确保1个小时巡查一遍，及时发现险情。七是信息保障到位。水尺观测处安设摄像头，通过电脑或手机进行观测，确保了水尺观测人员人身安全。八是党建引领到位。成立决战秋汛临时党支部和党小组，让党旗在防汛抢险一线高高飘扬，构筑起了"专业+技防+群防"的严密防线，筑起了黄河岸边的铜墙铁壁。

花开古温、景色宜人。从不毛之地到河南粮仓，从沙漠戈壁到生态宜居，从"96·8"滞洪淹没到罕见秋汛决不漫滩。几十年沧海桑田，温孟滩发生了翻天覆地的变化，而永远不变的是人民在接续奋斗中创造更加幸福美好新生活的希望和梦想。

我与黄河的亲密接触

◎王晓凤

不管是从小生长在黄河岸边，还是机缘巧合从事治黄工作近10年，黄河，于我而言并不算陌生，甚至相比于大多数人，还可以说是熟悉。但是，2021年的超长汛期，却又让我觉得我对她是那么不了解，因为她打破了以往"七下八上"防汛关键期的规律，给了我们一个措手不及。从沁河"7·11""7·23""8·23"等洪水，洪水流量不断刷新各项数据历史最值，到9月、10月，大家放弃中秋、国庆等假日，一直在与洪水奋战。而我，也有幸亲历这场黄河罕见秋汛，与母亲河朝夕相处、日夜相伴、共渡难关。

启程前夜：莫愁前路无知己

接到下沉一线的通知是在10月10日晚上10时30分，那时候正在单位值夜班。办公室成主任开完视频会议出来告诉我，第二天要我和其他几名同事一起赶到温县黄河大玉兰班组，支援一线巡查，具体时间等防办通知。

听到这个消息，躺在值班室怎么也睡不着了。我习惯于熟悉的环境和有规律的生活，对于即将到来的、超出自我认知的情况总是会充满忐忑。虽然大玉兰班组我也经常去，并不陌生，但这是一次不知归期的下沉，况且上班近10年一直在机关工作，从来没有在班组住宿生活过，从来没有这样长时间、近距离与黄河接触过。即便在看着身边的同事陆陆续续下沉黄沁河一线的时候，也曾经预想过自己会下沉，但当这件事情真正到来的时候，还是心如乱麻，班组的生活怎么样、堤上的工作是什么样的、我能不能做好这个工作……这一个个问题都加剧了我内心的不安。

辗转反侧，数次断了网络准备休息，却又数次点开屏幕，一遍遍刷着工作群，看有没有最新的通知。终于，凌晨1时10分，通知出来，早上8时到大玉兰班组报到。此刻，我也终于体会到了抢险队员那种随时接到命令随时出发的紧迫感，是夜无眠。

初来乍到：绝知此事要躬行

8时之前，即到班组。负责安排任务的是大玉兰班组负责人张鹏飞。他拿出事先已经准备好的救生衣、强光手电筒、巡查记录本等，一一发给我们。这让我想起了电视中常见的战士们执行任务前，领取装备的场景，此刻我们就是要上防汛战场的战士，不管昨天的你是欢喜还是忧伤，现在我们都要打起十二分精神，因为我们面对的"敌人"非常顽强——自9月27日以来，黄河一直持续高水位运行。

我要守的"阵地"是10坝—13坝。可能是考虑到我从来没有巡查经验，对工程也不熟悉，加之我的责任段离班组较远，张鹏飞驾驶着私家车将我送到"战场"。路上，我才知道，在堤上，只要看见车，需要坐的话，招手即停，因为交通管制，只有我们"自己人"的车才能上堤。这极大解决了下沉期间我上下班的交通问题。

下车之后，见群防队伍之前，他先简单对我进行了岗前培训，包括交接班的时间、工程基本情况、巡查应做到的"五时五到""三清三快"、注意事项等。他告诉我，巡查不能有丝毫懈怠，要时刻关注群里发的流量信息，巡查的时候特别注意是否可能会发生大溜顶冲、回流淘刷等险情，一旦发现异常，立即在群里上报，争取做到抢早抢小。我认真地听着，倍感压力，生怕出现险情。关于巡查，关于险情，之前也听过见过，但只停留在人们的闲聊中、各种汇报材料中，当自己真正要去操作的时候，还是有些心虚的。

我鼓起勇气走向群防队员，简单打了个招呼，互相认识了一下，便开始按要求开展巡查。救生衣、救生绳、救生圈、探水杆等装备一个都不能少。我试着背了一下救生圈，还是有些分量的，心想，我们这也算是负重巡查了。巡查不仅是个体力活，还要心细，因为我们在关注工程情况的同时，也要注意自己和群防队员的安全。不知是因为操心，还是天气暖和，一圈下来，我这个易寒体质也开始冒汗了。

当然，巡查的时候也并不总是天公作美。当大风裹挟着沙尘打在脸上、吹在身上的时候，当雨水模糊眼睛、打湿裤脚的时候，当深一脚浅一脚走在泥泞的坝面上的时候，当清晨的露珠浸透鞋子的时候……我才真正体会到，那些我曾经在群里看到的一张张巡查照片背后的艰辛，那些平日里见到的同事黝黑的皮肤和蚊虫叮咬的脓包仿佛也变得那么可亲可敬。

而比艰辛更加折磨人的，应该是孤独。秋风瑟瑟，河水滔滔，站在堤肩上"前不见古人，后不见来者"，白天还有光亮，而到了晚上，黑夜吞噬了大河和大地。苍茫大地，各守一方，时间仿佛在这里停滞了；远离喧嚣城市、人情世故，空间似乎也在这一刻定格了。

感同身受、躬身自省，首先就要置身其中，只有自己亲自深入进去，才能体会个中滋味。也因此，体会越深刻，步履才会越坚定。我愿成为黄河岸边一株安静的玉兰树，扎根大堤，如一位战士，英姿挺拔，不畏严寒，迎风绽放。

融入队伍：世事洞明皆学问

与我一起巡查的3名群防队员都是附近村庄的，从小生活在黄河岸边。

三人行，必有我师。熟识之后，一次巡查中，其中一名群防队员站在坝头，指着滔滔黄河水，骄傲地告诉我说，你听这水声，从水声中就可以辨别水涨水落，看，今天的水，哗啦哗啦的，这是在退水，如果水没有声音，那就是在涨水。那一刻，我惊叹于这位白发老伯的"独门绝技"，他们这种长年累月积攒下来的朴素而又不失科学的经验，是以往各种材料里看不到的，也是教科书和培训老师不会教的。群众的智慧着实让我对他们刮目相看。

10月16日，随着沁河流量的减少，下沉沁河的同事全部撤离到黄河大玉兰班组，随着人员的充实，我的"阵地"也调整到了32坝—35坝，一起值守的群防队员也从土生土长的温县当地人变成了从小浪底库区移民过来的村民。

为了使移民能够在安置区安心生活，2000年10月在温县和孟州修筑完成了温孟滩移民工程，大玉兰控导工程就是其中的一部分，驻守在32坝—35坝的麻峪村村民就是移民群众。

来到新"阵地"的第一天，就遇到该村新任支书在老支书的带领下，前来慰问该村群防队员。不管是新支书、老支书，还是群防队员，他们都态度明确，表示会全力配合，轮岗吃饭，服从指挥，以人盯人的战术，随时保证群防队员不掉队。他们这种全局一盘棋的意识和高度的执行力也确实在日后的巡查中体现得淋漓尽致。

记得有位群防队员曾经告诉我说，他们移民过来，亏得这些工程，他们才可以在这里安居乐业，现在，汛情严重，他们自然应该尽自己的一份力。

守土有责，守土尽责。于我们来说，这是一份工作，我们守的是自己的职责，守的是自己的责任；于他们来说，这就是未来，他们守的是自己的家园，守的是自己的幸福！

"让黄河成为造福人民的幸福河"，幸福在哪里？幸福就在"我的家园我守护"的不辞辛苦中，幸福就在新、老支书带领群众共同致富的道路上，幸福就在一代代治黄人恪守承诺、建设幸福河的不懈奋斗中！

众志成城：衣带渐宽终不悔

为了照顾我们这些女同志，我们的巡查都安排白天。所以，晚上是我一天中最放松的时候，也是难得的与同事交流的时间。

班组的会议室里有台电脑，有时候晚上有些工作需要处理，我会往那去。去了两天，不再去了。因为这个多功能会议室不是要开视频会议，就是带班领导要与县里有关单位人员开现场会。本来加班心里就有些小牢骚，又总是被"驱赶"，忿忿不平，但转念一想，带班领导也不容易，白天需要坐镇指挥，综合协调，晚上也不得安宁，基本处于"24小时待机"状态，我那偶尔加班烦躁的情绪，也随之烟消云散了。

后来，我改为去大玉兰班组班长褚滑锋屋里用电脑，在这里，我感受到浓浓的烟火气。

班长的屋里一到晚上人来人往，说说笑笑。结束一天的忙碌，不值夜班的同志偶尔去附近村子上的饭店买份饺子、带份凉菜，换个口味，坐在宿舍，边吃边与同事侃侃大山，似乎生活与平常无异。

一天晚上，一通视频电话触动了我的心弦。那是参加治黄工作30多年、多次指挥险情抢护的王大伟与女儿的视频连线，女儿惦记父亲的身体，下班路过附近想顺便过来看看父亲，父亲直接拒绝了，防汛清滩，不让她来。我偷偷瞄着他，猜测着，估计是害怕女儿看到他用手扶着腰走路的样子心疼。因为严重的腰椎间盘突出，他抽空去做了手术，而不巧赶上汛情加疫情，已经拖了两个月没有去复查了。此时，我脑海里那句"老骥伏枥，志在千里"不觉涌现出来。

打完电话，我让他这位"老黄河"帮我看一篇稿子，里边有一个关于除险加固的数字，他不太确定，让我去找抢险队队长冯星落实一下。见到冯星，说明来意，没想到他脱口而出跟我说出了当前已经除险加固的坝号、每个坝除险加固的次数。原本只想要一个数字的我，有些惊讶地拿笔记着，心里感叹着，果然是抢险队长，对数字记得这么清楚。再一想，白天巡查的时候经常看到他一个坝挨着一个坝查看河势水情的情景，也就不足为奇了。

强将手下无弱兵。经过这些日子的深入接触，这支由10名成员组成的抢险突击队，也让我感觉他们就像是一个个"身怀绝技"而不外漏的"武林高手"。

褚滑锋，指尖上的口令官。帅气的小伙子站在抛石排旁，一会儿比个小拇指的手势、一会儿比个拳头的手势……由于装载机启动后坝面噪声较大，队员们根本听不到喊话，除险加固队员们之间沟通全靠手势，什么样的险情、什么样的位置、抛什么样的铅丝笼，都是通过手势来判断决定的。手势和旗帜是最快捷的操作指令，指令下达所有队员从选笼到装笼再到抛投一气呵成。

宋海涛，机械达人。班组里的机械没有他不会操作的，装载机、挖掘机、洒水车、四驱割草车……样样都会。从驾驶着装载机精准抛投铅丝笼，到抢险时开着挖掘机将吨袋定点抛投到预定位置，再到修复雨毁工程时用大大的挖掘机"一笔一画"地在平整堤坡时修出完美的坡度，黄河岸边，他驾着"战车"，披荆斩棘，在一个又一个坝头穿梭，守护着一道又一道工程，只为黄河的岁岁安澜。

……

越了解越信任，越走近越坚定！谁又能想到，这样一支英勇善战的治黄队伍背后，每个人都是克服了多少困难和障碍，才可以做到这么长的日子里没有一个人迟到，没有一个人调班和请假，把曾经认为的不可能变成了可能、把曾经的可能变为现实！张鹏飞，虽然离家不远，但自7月以来，不曾回过；褚滑锋，双臂骨折，暂未痊愈，主动请缨，回到岗位；宋海涛，近两个月未回家，家里的一对老人和子女全部托付给了柔弱的妻子；张世海，家人住院，一直不曾透漏病情，别人问起，只说没事……

战地黄花分外香。10月下旬，班组后院职工们自己种的菊花悄然绽放，黄澄澄的，与秋天的萧瑟形成了鲜明的对比，似乎也在告诉我们这场战役的结束。

是的，随着小浪底水库下泄流量的逐渐减小，我的下沉生活也慢慢结束了。从最初来时的忐忑不安到如今的依依不舍，我知道，这段与黄河日夜作伴、亲密接触的日子，终将成为一生难忘而美好的回忆。

10月25日，我像往常一样，穿过热闹的街区，回到机关上班。繁华都市，车水马龙，熙熙攘攘，人们并不知道我刚刚结束一场"硬仗"，也不知道身边有多少看似平凡的人为了打赢这场"硬仗"而不懈努力。

我想，这样，最好，平淡而安宁，隐秘而伟大。

河地携手共抗洪
奋战秋汛护安澜
——我的2021年黄河秋汛回忆

◎孟州河务局党组书记、局长　岳金军

2021年，注定是载入黄河防汛史册的一年。在这年的秋天，黄河中下游发生了中华人民共和国成立以来最大的秋汛……9月27日15时48分，黄河2021年第1号洪水来势汹汹；当晚21时，第2号洪水接踵而至；10月5日23时，第3号洪水威力不减。9天内黄河连续发生3场编号洪水，黄河汛情极其严重，防汛形势十分严峻。作为黄河出峡谷的第一站——孟州黄河段，一场全力以赴、众志成城的黄河秋汛洪水防御战已悄然打响。

在黄委、省局、市局的正确领导下，我作为孟州河务局的负责人，带领全局干部职工坚决贯彻习近平总书记关于防汛救灾工作重要指示精神，始终将防洪保安视作"国之大者"，坚持人民至上、生命至上的原则，迎难而上、奋勇争先，如同钢铁战士一般，日夜坚守在黄河岸边，共同筑就了防汛抗洪的坚强屏障！回顾我局2021年黄河秋汛洪水防御工作，主要有以下几点认识和思考。

快速响应　全面动员

面对雨量大、汛情急、持续长的复杂防汛形势，我局第一时间召开防汛会商会议，安排部署孟州黄河防御工作，迅即启动全员岗位责任制，精准调动人力、物力，全力确保此次大流量洪水安全过境。成立防御秋汛指挥决策组，下设多个职能组和逯村控导、开仪控导、化工控导3个一线重点防守组，每组各明确一名班子成员和科级干部24小时驻守，不间断开展防汛调度、技术指导、督导检查等各项工作。同时，黄委、省局、市局下沉支援人员及我局机关下沉人员，联合一线职工、群防队伍开展24小时不间断巡坝查险，发现险情及时上报。

孟州市防汛抗旱指挥部成立黄河抗洪抢险前线指挥部，市委副书记、市长担任指挥长，并主持召开防汛会商会，按照防汛抗旱责任体系，落实各级防汛责任人。孟州市应急管理局、气象局、消防大队等职能单位则与我局联合调度防汛，在资源配置、物资供应、设备部署等方面提供大力支持；应急管理局多次支援照明设备，为一线亮起点点"星火"；驻地公安部门配合封锁堤顶道路，不间断开展巡查工作，组织疏散堤顶停放车辆，劝导游客远离河道，时刻确保涉水安全及防汛抢险交通线顺畅。

在这次黄河秋汛洪水防御工作中，地方政府高度重视，防汛行政首长负责制有名有实有效，也使我认识到：防御洪水从来都不只是一个部门、一个单位的事。要多方联动，干群同心，形成合力，方能在这场秋汛洪水大考中交出满意答卷。

专群兼备　防住为王

防守力量配备到位。落实省防指"指挥长4号令"精神，坚持"重兵把守、全线压上"，一线职工全员在岗，专业抢险突击队整装待命，确保出现特殊情况，拉得出，顶得上；先后分两批次下沉机关职工66人，同时黄委、省局、市局下沉支援23人，沿黄各乡镇按照1∶3的比例安排216人群防队伍充实基层防汛力量，构筑了县乡村三级黄河防汛力量体系。总计305人的专群巡查队伍，按照每4道坝一个巡查单元，划分了18个巡查单元，每1小时巡查一次，开展24小时不间断巡坝查险，发现险情及时上报，确保了孟州28.56公里黄河堤防177座工程坝岸的安全完整。

多措并举严防死守。此次秋汛关键期间与国庆假期重叠，黄河岸边出行人员较多，加强涉水安全管理和确保抢险车辆畅通尤为重要。孟州河务局在前期更新200多块涉水安全警示牌的基础上增设50余条涉水安全宣传条幅，在防洪工程重点部位配备救生衣、救生圈等设施，并利用远程广播系统不间断播放防洪避险提示。积极与地方政府沟通，安排沿黄各乡镇第一时间完成清滩工作，在各进滩道路设置卡点24小时值班值守。公安部门发布交通管制令，期间严禁一切非抢险车辆进入滩区。

物资保障及时到位。"保障力"就是"战斗力"，物资保障是防汛抢险中的关键，防汛物要足，抢险料先到，如何做到调配高效、准确、及时、到位，成为决定这场没有硝烟的防御洪水阻击战胜利的关键因素。

期间，我局积极协调地方防指对沿黄5个乡镇办事处防汛物资进行再清查，在靠河坝道预置大型抢险机械设备29台，二线抢险队伍610人，随时准备投入抗洪抢险；同时为每个巡查单元搭建帐篷，配置保暖设备，协调电力部门架设低压照明线路7.8千米，安装照明灯具35套，加强控导工程夜间巡查照明，确保险情查得清；通过防指渠道安排公交车3台、救护车3台在一线待命，为防汛抢险人员生命健康提供了切实的保障。

随着汛情的发展，三处控导全线作战情势日益严峻，机械设备、人员、料物都开始吃紧。"黄河防汛事关大局，怎么办，孟州黄河的汛情一定要及时向地方首长汇报"，在我向市领导汇报过后的不久，10月12日，孟州市委副书记、市长就亲临前线指挥调度孟州黄河防汛，在了解了一线巡坝查险和防汛抢险的紧张情况后，随即决定，通过地方财政向黄河防汛补充防汛石料7 000立方米、铅丝网片2 000片，鼎力支持黄河防汛。

除险加固　化解危机

孟州黄河河段三处控导工程共计139道坝，其中靠河65道坝，靠主流34道坝，工程靠河情况好、靠主流坝多，防守任务艰巨，且任何一道坝的失守都关系着数万移民的生命财产安全！

由于此次秋汛洪水流量大、历时长，靠河工程长时间处于大流量行洪状态，随时都有发生各类险情的可能，人民群众生命财产安全面临严重威胁。

为化解危机，我局抽调具有丰富抢险经验的职工组成专家队伍采用徒步和无人机相结合的模式，对河势工情进行逐一查勘，研判不同流量下的主溜变化,分析可能出现的险情,并因地制宜提出各类除险加固方案。秋汛期间,我局累计除险加固75次/35道坝,用石17 598立方米,消耗铅丝网片4 105张/68.45吨。其中,受对岸滩唇挑流,化工控导28坝—32坝大溜顶冲险情最为吃紧,刚刚加固完的坝头和迎水面,没几个小时又出现了根石坍塌和走失,坝裆还不时出现坍塌险情,抢险队员们日夜鏖战,一次次突击作战,一场场惊心抢险,用汗水和智慧诠释了黄河铁军精神,确保了防洪工程安全。

实践证明,下先手棋、打主动仗,变以往的"险在前、抢在后"为"防在前、抢在初",第一时间对工程进行除险加固,切实有效地预防了较大以上险情的发生,为抗洪抢险胜利奠定了坚实的工程基础。

如今,黄河岸边的机械轰鸣声、铅丝石笼入水声、抢险队员的号子声已经远去,滔滔黄河水也没有了秋汛期间的"张狂"。但这场洪水带给我们的启示和经验,必将激励我们沿着习近平总书记指引的方向勇毅前行,笃行不怠,为黄河永远造福中华民族而不懈奋斗!

"小"帐篷彰显"大"保障

◎范丹丹

作为孟州河务局机关下沉一线参与黄河秋汛巡查值守的一员，2021年10月12日我按时到孟州黄河逯村控导工程参加值守。还未到值守点帐篷前，便看到孟州河务局副局长侯晓蕊带着几名工作人员在帐篷前忙活着。我走近一看，是侯局长带着几名同事在帐篷底部铺设塑料薄膜。

"侯局长，铺这张塑料薄膜有什么用呀？"我疑惑地问道。

"这几天一直下雨、降温，地面潮湿，铺上薄膜可以防止潮气上升。晚上巡查值守人员在帐篷里面休息时就不会那么冷了！"侯局长一边回答着我的问题，手中的动作却未曾停下。

"噢，我明白了。"我一边应声，一边赶忙上前帮忙，同时也认真打量起了帐篷。帐篷不大，四角都牢牢固定在地上，上面还压着土袋，显得愈发结实。三面留有透明窗户，正前方还有对开门帘供人进出。靠近帐篷最里面安设了折叠床，床上放着厚厚的被子。帐篷一侧放着铁锹、救生圈、安全绳等巡查工具，一侧则放着两张桌子、两把椅子便于值守人员记录巡查情况。桌子下方还摆有方便面、面包等食品，桌上的暖水瓶里灌满了滚烫的热水，东西齐备并且摆放得井井有条。帐篷外面挂着的巡查防守人员公示牌和安全明白卡为免于被雨水打湿，甚至还细心地镀上了一层防水薄膜。

最初看到一顶帐篷的"配置"如此齐全，我还有些惊讶，但很快便释然了：在此次迎战秋汛洪水的过程中，我局的后勤保障工作正是如此快速、全面、细致地为奋战在防汛抢险一线的战士搞好服务，这顶帐篷便是其中一个缩影。

快速高效　展现孟州黄河速度

9月19日，2021年中秋假期的第一天，正在吃午饭的我接到部门领导的电话：取消休假、立即到岗。虽然有些许郁闷，但也在意料之中，毕竟今年的雨情、汛情异于常年，节假日不休息已是常态。

18时，焦作河务局启动全员岗位责任制。当天晚上市局召开的防汛会商会（视频）决定：焦作河务局部分机关人员将分别下沉到各县局一线班组参与防汛值守工作。会议一结束，侯晓蕊副局长在会议室第一时间对下沉人员的就餐、住宿情况进行安排。同在参会的我，作为后勤保障组的一员，一边向组长原斌斌（当时他已经在逯村控导工程值守）汇报领导的指示，一边到机关仓库盘点被褥、雨具等生活用品。短短几分钟后，微信上便接到了一份组长传过来的下沉人员生活用品清单，对照清单"查漏补缺"后，第一时间组织多名工作人员分头、分类采购床铺及被褥等生活用品，并安排车辆逐一送到各一线班组，当天晚上，在下沉人员到达之前全部配备到位。

9月27日，黄河2021年1号、2号洪水接踵而至，国庆假期"如期泡汤"。10月初，气温急转而下，最低温度下降了将近10摄氏度，妥善解决一线职工保暖问题迫在眉睫。面对这一突发状况，我局组织人手为职工购买防寒服，10月8日凌晨，第一批防寒服采购到位。与寒冷抢时间，工会的工作人员早已做好接收准备，立即开展清点、卸货、分发等工作。凌晨4时，三个班组一线职工防寒服全部到位后，工会部门负责人秦金峰才从工地返回到家中。第二天早上8时，我在机关又准时见到了她。"我们早些送到一分钟，一线职工就少受冻一分钟。"她这样说到。

全面保障　拓展孟州黄河宽度

如果说后勤保障"安排部署快、工作落实快、应对突发快"的"三个快"展现的是孟州黄河的速度，那么车辆保障，就餐保障、信息保障这些方方面面的服务到位、保障有效则进一步拓展了孟州黄河的宽度。

车辆管理人员武永，每天都会对驾驶员进行岗前饮酒测试和安全教育，每天都要督促驾驶员对车况进行安全检查，日复一日，从不间断。为了保障用车，他养成了随身携带派车记录的习惯，每天不厌其烦地提醒驾驶员在车辆入库前保证油箱加满，便于随时出动执行任务。还通过电话、微信工作群，随时通报各种路况、险情等涉路信息，做好协调沟通，为车辆行驶安全保驾护航。在武永手中的车辆管理台账中看到，仅仅秋汛期间孟州河务局就保障用车264车次、行车12 300公里，足见车辆保障任务繁重。但是所有驾驶员毫无怨言，他们只要接到出车任务，就第一时间到岗，第一时间赶赴防汛抢险一线。驾驶员崔国胜，作为车班的"老大哥"，主动要求驻守在一线班组；驾驶员行文东，在完成行车任务的同时，还负责机关办公用品采购和机关餐厅服务工作；驾驶员郑丙超的妻子韩晓丽在这次秋汛期间下沉在开仪班组参加巡坝查险工作，我曾经和郑丙超一起去化工班时经过韩晓丽的值守点，郑丙超只是透过车窗给爱人递了一包牛奶便匆匆离开。后来，我听他说妻子每天早上7时30分便从家里出发去工地了，而他有的时候整夜在局里值班，两个人两天见一次面也是常事。这一包牛奶还是他从机关就揣在怀里暖了一路送给妻子的。

机关餐厅司务长李新平，一位即将退休的"老黄河人"，自从到了汛期，他便常常念叨着：汛期工作忙，任务重，得让大家都吃饱吃好。于是，每周一上午列出一周的食谱便成了他的规定动作。每天的饭菜都不重样，甚至还细心到餐后水果都换着花样来，只是为了大家能够吃到丰富、新鲜、营养的饭菜。为了全力满足职工的就餐需求，李新平还组建了就餐微信群，一到就餐时间就在群里"爱心呼叫"。有的时候，我去得晚了些，他就如同长辈一般嘱咐我按时吃饭，以免吃饭不规律了胃痛。有的同事没在就餐群里报名而临时到餐厅吃饭，他虽然嘴上说着"下次不报饭就不让吃了"，但还是拿出准备好的面条、饺子等给同事加餐。大家都说他是刀子嘴、豆腐心，嘴硬心软。

负责通信保障的行红磊、徐春波两位同事，随时待命，快速反应，信息保障又稳又快。每天对供电电源、电源线路、网络设备、交换机、视频会议设备等设施的"无死角"检测检修是常态，24小时防汛会商值守也是毫不懈怠。不管什么时候召开防汛会商会，他们其中一个人都会默默坐在会议室后排为会议保驾护航。无论会议结束有多晚，第二天总会看到他们元气满满出现在工作岗位上。为了改善防洪工程一线手机信号不稳定现象，我局与地方通信部门组成了通信网络联保机制，行红磊、徐春波两人连续几天在一线工地开展通信信号覆盖测试工作，越是恶劣天气、越是偏远部位越是他们监测的重点。同时还加强与电力部门的协调联动，在工程一线预置电力应急保障车辆，为主要工程坝头安设照明设施。在机关储备应急电源，随时准备应对突发状况，及时排除照明故障、通信故障，全力保障了秋汛期间通信及电力正常运行，充分发挥了"千里眼""顺风耳"的作用。

着眼细节　彰显孟州黄河温度

　　工作态度严谨、注重细节是孟州河务局的优良传统，这在2021年之前我还未到孟州河务局工作时便有所耳闻。如今在一年的工作时间内，我真正体会到了什么是"耳听为虚、眼见为实"，无论是一份汇报材料的装订格式，还是一个会议桌牌的摆放位置，都会一丝不苟、精益求精。在2021年防汛期间，作为后勤保障组的一员，工作中的一些事情更是让我亲身体验到蕴含在每个细节中的孟州黄河的温度。

　　7月20日13时，我局接到焦作河务局通知：抽调15名抢险队员14时30分前到达温县，支援南水北调温县段穿黄工程抢险。面对刻不容缓的抢险任务，抢险队员已经来不及整理个人生活用品，而我局为抢险队员配备的防汛小背包在这个时候就派上了大用场。我们在充分调研职工需求的基础上，结合基层防汛抢险工作积累的经验，在防汛小背包中配备了雨具、应急手电、防潮垫、洗漱包、水杯、餐具、手机防水套等物品，满足了抢险队员的基本生活需求。事后，参加这次抢险的汤明超告诉我：防汛小背包虽小可是作用却不小，异地抢险时需要的基本生活用品都配上了，足见我们局在细节方面还是考虑得很周全的。后来在10月防御秋汛洪水过程中，后勤保障组又参照"小背包"模式，为机关下沉人员列出"一线值守必备"爱心清单，也是得到了大家的认可。

像这种着眼细节、细微之处开展工作的在孟州河务局还有很多。我曾不止一次看到侯晓蕊副局长和工会负责同志调整为一线职工送去的慰问品种类，让一线职工不但吃饱更要吃好；一线工作环境复杂，就为全体一线职工购买了人身意外保险；气温骤降，就先后采购冲锋衣、羽绒服、棉大衣等防寒物品第一时间送达，并为一线巡查值守点铺设防潮塑料薄膜、配备暖水壶，24小时供应热水、增加夜餐；一线职工长时间作战，就根据汛情变化，及时调整值班轮休；同时对接地方卫生部门在各个防洪工程一线配备医疗保障车，为职工健康保驾护航。

前线作战，后方保障。在防御秋汛洪水这场没有硝烟的战斗中，我局后勤保障组全体人员在后勤保障这方战场上始终坚守岗位、守牢后方，用义无反顾的坚持与守候，用知重负重的担当和执著，和前方防汛抢险人员共同筑起了防御秋汛洪水的坚强防线！作为其中的一员，我倍感荣幸。

防汛一百天　胜读十年书

——2021年我在基层的防汛经历及感悟

◎沁阳河务局党组书记、局长　王丙磊

我是2021年3月从新乡河务局办公室主任岗位调任沁阳河务局主持工作的，从机关到基层不仅面临身份与角色的转换，工作内容、方法等都需要及时改变，初到基层，深知责任重大，几个月来，通过深入调研，了解到沁阳河务局建局早，工程战线长，险工险点多，防汛、工管任务繁重。汛期将临，我时刻提醒自己：防汛职责是天大的事，千万不能让防汛工作有半点闪失和差错。

一、把演练当实战，把实战当历练，在防汛实践中学习防汛

早在1936年，毛泽东同志在他的《中国革命战争的战略问题》中说过："读书是学习，使用也是学习，而且是更重要的学习。从战争学习战争——这是我们的主要方法。"防汛也和战争一样需要对战士进行训练，对作战进行演练。作为专业职能部门，基层河务局每年都要在汛前举行类似于实战科目的演练，这种演练即是对防汛"五落实"措施的检验，也是对防汛实战的战斗动员，更是对即将投入的抗洪工作热身赛。2021年7月10日，沁阳市防指在沁河水南关险工27坝、28坝举行了年度沁河防汛实战演练，各项科目设置按实战要求准备，模拟沁河发生1 000~4 200立方米每秒洪水过程中可能出现的各种险情，共组织14支抢险队伍600余人参加。指挥长一声令下，堤坝巡查、装抛铅丝笼、捆抛柳石枕、养水盆堵漏、抢筑子堤等七个科目依次紧张有序进行，特别是人工打桩开始，黄河号子震天响，参赛队员士气高昂，把演练氛围推向高潮。然而演练还未结束，天气便阴沉下来。预报黄河流域中下游有中到大雨，

部分地区暴雨，局部大暴雨，沁河流域部分地区降雨预计达到50~70毫米，局部地区可以达到100~200毫米。根据预报，我们立即召集几名老同志研判雨情形势，大家预估此次降雨范围较广、强度较大，极有可能在未来几天造成类似2003年的中常洪水，因此我们必须抓紧应对突如其来的抗洪实战。

演练接着实战，实战挨着演练。7月11日11时15分，沁阳市气象台当天发布暴雨黄色预警。中午12时多，暴雨如注，我局迅速启动全员岗位责任制。办公室发布紧急通知："全体人员停止休息，立即到岗到位，不得请假，无论任何原因造成的外出离岗人员一律迅速返岗，不得有误"。

15时54分，市局防办通报：受强降雨影响，不到一个小时，丹河山路坪水文站洪峰流量从65立方米每秒猛增至1 170立方米每秒，滔天洪水以摧城拔寨之势，在沁阳北部山区肆虐，所到之处，断桥倒树，惊涛拍岸，曾经只能在电影特技上看到的画面迅速霸屏！

根据以往经验研判，水头将在2小时之后进入沁河，而我局所辖的丹河口以下12公里工程是迎接这次洪水的右岸"第一棒"，防汛形势异常严峻！

下午16时，市防指迅速在马铺班组成立临时抢险指挥部，沁阳市防指启动沁河防洪预案，根据来水情况综合研判，按照1 000~2 000立方米每秒洪水标准进行防守，落实群防队伍1 850人。17时，我赶到丹河入沁口，配合沿河8个乡镇（街道）巡查人员组成联合巡查队伍，严格按照"五时五到""三清三快"的技术要求昼夜巡查，重点险工险段派专人看护。设立伏背、王曲、水南关、尚香4处水位观测点，安排人员24小时监测水位，在5座跨河桥梁、庙后闸等易观测部位喷涂9处水尺，方便大水来临时观测河势、水位，并利用无人机观测丹河入沁口、马铺畸形河势，第一时间掌握水情、工情、险情。组织应急抢险队员到马铺班组集中，调配大型防汛抢险机械设备、发电机组、应急照明车、铅丝网片等防汛抢险物资赶到马铺险工待命。

17时30分，沁阳市委主要领导和各包段常委亲赴现场指挥沿河8个乡镇、街道河道清滩、河道行洪障碍清除工作，公安、交警等部门现场设置路障，对所有入滩路口进行设卡拦截，所有入滩人员需持防汛通行证，沿沁乡镇（办事处）人员正在劝离沁河堤防及滩区无关人员。

晚上19时30分，水头进入前沿阵地。23时22分，我们正在随着水头巡查，焦作市委书记葛巧红、焦作河务局局长李杲等领导冒雨赶来，在电闪雷鸣和狂风暴雨中我们与沁阳市委书记王家鹏陪同葛书记、李局长查看马铺等重点防御工程。这一夜上级领导与我局班子皆在风雨中。这一夜我局10名中层干部全在大堤上。这一夜沁河机动抢险队所有队员在抗洪阵地。这一夜82名机关人员下沉一线。这一夜1 600余名群防队员也在洪水拍岸的前线坚守20个小时。

23时30分，洪峰顺利过境。在山区张牙舞爪的洪水，进入沁河后却收敛了它的破坏性，没有出现大的险情。这是我来到基层见识到的第一场洪水。

二、实施预加固，做到防患于未然，下先手棋，把握防汛主动权

古有民谚曰：临崖立马收缰难，船到江心补漏迟。《战国策》有"亡羊补牢，未为晚矣"的故事，朱子格言中说"宜未雨而绸缪，勿临渴而掘井"。中国有太多的寓言故事、名言警句在讲述同一个哲理："生于忧患，死于安乐"。这是中国人最古朴的生存智慧，也是人的主观意识对客观事物最直接、最正确的反映。实际上我国劳动人民几千年来在治水实践中总结出来的防汛经验就是一句话："以防为主，防重于抢"。

今年以来从黄委到省局、市局都一直强调立足"谋在河势变化之前，抢在险情发生之初，护在工程重点部位"，下先手棋、打主动仗，不间断开展工程隐患排查，第一时间进行抢险加固；从点到线、从线到面科学配置防守力量、抢险设备、交通运输、后勤保障等，层层落实应对措施，做到抢早、抢小、抢住。从汛前开始我局就有计划地对辖区两岸防洪工程进行拉网式检查，对查出的隐患进行修复式处理。入汛后李杲局长多次来沁

阳视察时明确指出，沁阳所辖沁河畸形河势多，险工险点多，对于这些薄弱环节要加强技术诊断，及时进行预加固，有效减少出险概率。7月22日，在今年第二波强降雨和洪水期间，李杲局长莅沁现场指挥多个预加固项目，我局对大于1:1.3坡度的靠河工程均进行了预加固，重点是马铺险工、尚香险工、水南关等重要险工工程，后期又对其他相对薄弱的险工段进行多次加固。整个汛期期间，累计除险加固33坝次，用石8 000余立方米。

今年汛期的雨情、水情与2003年相比，无论降雨强度、流量强度还是长汛延期时间都有过之而无不及，但辖区出险的数量和强度却大为减少，究其原因与我们有效实施预加固是分不开的。这种预加固的措施相当于"上医治未病"的措施，是"下先手棋、打主动仗"的措施，减少了总体防汛投入和成本。

三、防汛抗疫"两手抓"，学会"弹钢琴"，积极应对基层工作的复杂局面

防汛无小事，基层事务多。任何中心工作都可能伴随其他同样重要的工作。如果眉毛胡子一把抓就可能出现忙乱无头绪的状况。毛主席在《党委会的工作方法》一文中把工作形象地比喻为"弹钢琴"，强调十个指头都要动。既不能高高在上遥控指挥，也不要事无巨细事必躬亲。今年的防汛与抗疫就属于这种需要综合考虑统筹安排的重要工作。既不能因为防汛忽视抗疫，也不能因为抗疫影响防汛。

为此我们一是要求广大职工按照沁阳市卫健委要求做到戴口罩、讲卫生、不聚集，养成良好的工作生活习惯。二是陪同上级领导干部视察时保持安全距离，事后及时做核酸检测。三是在第一波洪水发生时就实施上堤路口设卡措施。这既是减少人员拥挤的防疫措施，也是保持堤防秩序的防汛措施。因为1982年特大洪水时大堤和沁河桥上挤满看水的无关人员。2003年抢险时很多小车随便上堤堵塞抢险运料车辆，影响了抗洪抢险的正常进行。但今年的情况完全不同，百里长堤秩序井然，抢险队员无碍施

展。四是按要求及时为全体职工进行疫苗接种，在7月下旬防疫非常时期为全体职工和家属实施核酸检测普筛。五是把抗疫工作中好的方法和好的经验应用到防汛工作中去，切实做到人盯人事接事，落实责任无缝对接，督促检查不留死角。

同样的防汛工作也需要抓重点抓主要矛盾，对于出现的具体问题采取具体的方法措施加以解决。7月20日，受降雨影响，境内逍遥石河、安全河、丹河、沁河水位再次上涨，安全河达到90立方米每秒流量、逍遥河达到450立方米每秒流量，刷新历史极值，非常罕见地在支流入沁口发生冲毁道路、桥梁、堤坡坍塌等多处险情。当日上午11时，接到巡查人员报告，逍遥石河水量猛增，巨大水流汇入沁河，致使沁河大堤出现两处险情：一处位于沁河桥东侧，因逍遥石河大溜直冲水北关险工段及滩地，造成险工根坦石坍塌；另一处位于沁河桥西侧涵洞上游，因逍遥石河水流过大涵洞不畅而壅高水位淹没农田汇入沁河。

面对这种复杂情况，经过现场查看和分析研究认为，逍遥石河老河道因为平时水量小在水北关险工前的窄小河槽推进后与主流汇合，建桥时还在北岸桥基处为其留下过水涵洞，但这种设计已经难以满足当下不断增大的逍遥石河流量，况且通过涵洞的洪水顺堤行洪，对水北关险工的破坏力极大。因此，因势利导加速其改道入沁成为最佳选择。因而我们确定了双线作战策略，班子成员分头行动。副局长陈全会组织水北关堤防工程抢险，他们在抛投的吨包被洪水冲走的情况下，依然不气馁不退缩，改进方案采取抛笼抛散石双管齐下的措施继续抢护。同时沁阳市市长马志强、副市长卫国宾等市领导及时协调乡镇、群防队伍清理路面，保持抢险道路畅通，调集物资保障抢险所需。我和朱俊荣同志这边齐心协力组织力量封堵涵洞，迫使逍遥石河通过新冲刷出的入沁河道，从而减轻了水北关的抢险压力。至21日凌晨3时，历经15个小时的不懈努力，沁河水北关段大堤、逍遥石河入沁口两处险情基本排除，2021年沁阳沁河抗洪抢险首战告捷。

四、宁可信其有不可信其无，坚持底线思维，从最坏处着眼，向最好处努力

作为专业的防汛职能部门，我们非常熟悉的一句话叫"宁可信其有，不可信其无"，还有一句是"宁可水不来，不可我不备"，意思是洪水肯定会有，但什么时候有不知道，所以必须年年做好准备，一旦有汛就能沉着应战有备无患。这就是底线思维，这也是马克思主义哲学中质量互变规律的灵活运用。只有守乎其底才能得乎其高，一旦放弃底线，事物的本质将发生改变，后果不堪设想。

由于受台风"烟花"和大气环流影响，从今年7月16日开始天气再变，气象部门和暴雨预警持续不断发布，防汛形势极为严峻。一场更大的暴雨洪水即将到来！单位通过各类会议、文件、通知、微信群多种形式强调要保持临战状态，严守防汛纪律，全力备战即将到来的强降雨天气，并再次启动全员岗位责任制，按照预案要求将足够的专群力量部署到位。迅速组织退休老同志、技术骨干组成老中青三结合的业务职能组，开展对辖区工程拉网式再排查，尤其是靠河工程，对水深、水面高程、河势等情况再观测；及时修复水毁工程；补充帐篷、雨衣、照明灯、救生圈等一线装备以及生活用品；继续做好24小时防汛值班。

五、秋汛延宕由天不由人，奉陪到底由人不由天，面对长汛我们有打持久战的思想准备

"8·19"又一次强降雨不期而至，启动全员岗位责任制已经是第三个回合，种种迹象表明2021年汛期可能又是一个类似2003年的超长秋汛，广大职工已经做好打持久战的心理准备，无论汛情延迟多久，我们的防汛队伍都会奉陪多久。然而防汛工作的持久战不仅仅是时间轴上前后移动，而且对后勤供应、组织管理、工程运行以及职工心理等方面都有更高的期待与要求。

俗话说打仗就是打后勤，抗洪同样也要靠后勤。我局也确实有一支不

辞辛苦的后勤队伍，他们奔走往来于机关、仓库、一线班组、险工险段，排除万难补充物资，想方设法运送物资。编织袋、彩条布、铅丝网片、木桩、发电机组等各类物资，源源不断运送至各险工险段，有力保障了一线防汛抢险物资使用。为让一线人员吃饱吃好，他们想尽办法采购优质肉蛋蔬菜水果，及时调整更新食谱，送餐员不顾风雨，每天准点准时把热腾腾的饭菜、牛奶、饮料、便利快餐等送到一线；中秋、国庆佳节期间努力改善伙食，让职工在抗洪前线享受家的感觉；秋风起时，气温骤降，他们购置床铺、被褥、羽绒服、冲锋衣等保暖衣物，还在巡查一线，搭建活动板房、帐篷等临时休息点，让一线人员充分休息，养好精神投入战斗。

果不其然，9月中下旬第四波洪汛紧随其后，9月24日，继续应对强降雨，9月25日，河口村水库下泄流量不断动态调整，9月26日，1 800立方米每秒流量洪水水头于19时8分进入沁阳市境内，这是继1982年特大洪水之后的最大流量，全局上下防汛之弦继续上紧，广大职工闻汛上堤严防死守，与洪水死磕。9月28日0时12分，我赶到太山庙险工查看运行人员巡坝查险情况。阴冷的水汽让人感觉到一丝丝寒气，查险灯光下，看到值守人员满身泥水，衣着单薄，夜以继日，坚守一线，确实让人心生敬意。

总之，今年长汛持久战从夏到秋，从炎热到寒凉，四个多月一百余天，一直持续到10月29日。现在汛期虽已结束，但心中的感慨与感动，反思的感想与感悟还在继续。

一是，各级领导干部心系人民群众，负责任勇担当，素质过硬，作风顽强，下沉一线，靠前指挥，以实际行动践行着习近平总书记提出的"人民至上、生命至上"的防汛救灾理念，他们带好头作表率，是风雨中的风范，危难时的伟岸。二是，各项防汛责任制落实与往年相比，更严格、更具体、更规范、更细致，而且实操强、效果好。特别是河地合作的默契顺畅，专业职能部门的全员岗位责任制和以地方政府为主体的河长制相辅相成密切配合，成为不折不扣的防汛两翼、救灾双轮。三是，全局职工能够以大局为重，充分发扬特别能吃苦、特别能战斗、特别能奉献的精神，他们舍小家为大家，连续作战不怕疲劳，充分发挥了抗洪抢险非常时期的中流砥柱作用。

洪峰浪尖飘红旗
一场洪水一磨砺

◎博爱河务局党组书记、局长　余　骁

几经跳票，如同被老师催促作业般，我开始写关于发生在2021年夏秋季连续罕见洪水的故事。主要的原因，还是从7月11日到10月30日间发生了太多会记忆一辈子的事情，有彷徨、有畏惧，有成熟、有坚毅，有苦熬、有松懈，有坚守、有坚持。从一个偏重文字理论工作的部门负责人，到带领全局守护一方的县局局长，在这近四个月里我实现了蜕变。

惊心动魄的第一场洪水

7月11日上午，焦作开始普降大雨，中午时博爱县防汛群发消息"丹河上游白水河正在泄洪，大概为20立方米每秒流量"。13时40分我局在白水河入丹口的联系人称洪水目测为50立方米每秒流量，14时44分县里群再次发信息称丹河将达200立方米每秒流量，15时30分丹河山路坪站流量达到660立方米每秒流量，15时54分山路坪站流量达到1 170立方米每秒。从15时开始，已经联系不上白水河，事后听说，联系人家里三层楼被淹没，本人爬到一个通信基站上才逃过一劫。

一条条水情信息，一次次提升防御等级，我们通过县防指通知沿沁乡镇立即进行清滩，我也给三个乡镇的党委书记打电话说明形势的严峻性。按照原来的预测，博爱县境内500立方米每秒流量开始有漫滩、1 000立方米每秒流量大部分漫滩、2 000立方米每秒流量全线偎堤，这次1 000立方米每秒以上的流量，滩区作业群众的安全是第一位的。17时前，各村已将博爱沁河滩区作业人员全部劝离，水政大队也到岗到位开始滩区巡查。但随着抖音等自媒体对丹河洪水的传播，沁河堤上等着看洪水的群众越来越多，因为市县公安局力量都赶到丹河救援被困群众，只能依靠水政大队、孝敬和金城派出所的干警劝阻群众上堤。一段时间堤防道路被拥塞，影响了防汛道路通畅和防汛力量调度，这件事也深刻提醒我们防汛期间堤防道路交通管制是多么重要。随后几场洪水，博爱沁河堤防一直处于交通管制状态。这件事还提醒我们，建立抢险交通回路的迫切需要。汛后，我局又提出了建设三套抢险交通回路的构想，并列入防汛预案。

14时30分，我们开始对留村闸进行洪水防御。按照预案应该将浮体吊离河道，暴雨后泥泞的滩地吊车无法进入，看着紧迫的时间，我决定立即就地进行加固，再增加两条钢索以十字型捆扎在两个锚墩上，将浮体上零散物品全部搬离。闸门启闭机运转正常，可是闸门还有一条管道，必须立即组织人员跳入闸前水中拆卸管道。当洪水水头到达丹河口时，最后一节管道才被拆掉，闸门顺利关闭，10分钟后洪水淹没闸门，至今回忆起来还觉得惊心动魄。如果浮体锚固不行，浮体将直冲下游500米处的长济高速桥；如果闸门关闭不及时，留村闸后近在咫尺的留村将被淹没。

17时50分，洪水水头到达丹河入沁口，原来小河沟般的丹河立即"浊浪排空、泥沙俱下"，大水罐、电冰柜、木家具"随波逐流"，这时候才明白什么是"水火无情"。市委葛巧红书记、李亦博代市长，市局李呆局长脸上都显得十分凝重，领导们在现场会商研判水情工情，研判要求沿沁党政机关有关人员立即上堤进行防守，重点工程抢险机械进行驻守，沿沁县（市）对堤顶交通进行管制，并明确要求博爱沁河重中之重防守白马沟险工南水北调穿沁段。

19时，以省应急厅厅长吴忠华为组长，河南河务局局长张群波、焦作市代市长李亦博为副组长的洪水防御前线指挥部在白马沟险工成立，应急、河务、通信、预备役力量赶赴白马沟驻守，指挥部还与武国定副省长连线，向省政府汇报沁河洪水防御情况。我局也组织抢险队人员在白马沟班组驻守，预置4台大型机械，将铅丝网片和木桩料物运到工程一线，市局紧急调拨6台套发电照明灯具，省局调动50人的抢险队紧急支援。万众一心、众志成城，让我们更加坚定了确保沁河安全的信心。

省市领导和大家到晚上8时才吃上烧饼，市局李呆局长到凌晨3时才吃上了一碗炝锅面；100人的民兵只能在加油站下避雨，省局50人的抢险队只能在大巴车上休息；白马沟班组网络一度中断，视频连线效果不好，吃、住、卫生条件不足，通信网络不畅，抢险后勤保障是一个明显的短板。

7月12日2时左右白马沟水位不再上涨，省市领导才离开白马沟班组；8时左右洪峰平稳通过博爱辖区，有关抢险力量分批有序撤离白马沟险工。受沁河上游来水影响，沁河直至7月14日，才回落到正常水位。这一次洪水虽惊心动魄，但也是有惊无险，考验了队伍、发现了问题、积累了经验，我们开始总结得失，但谁也没有想到这只是一个开始，为2021年这场持续时长、水量超标、洪峰频现的夏秋大汛拉开了帷幕……

人能胜天的第二场洪水

每次洪水总是有老天爷的预兆，7月中下旬副热带高压罕见地压到了中俄边境，太平洋上形成了强台风"烟花"；每次洪水也都有党领导的举措，7月16日各级开始下发"关于应对17~19日沁河上游降雨"的文件，开始各项防汛准备。7月16日开始，市局对各单位物料储备、水尺设立、涵闸安全进行专项检查；博爱县对沁河堤防进行交通管制；我局也提前将留村浮体吊到高滩，靠河工程安装太阳能照明设施，对抢险队员和上堤防守的群防队伍进行技术培训。7月17日，国家防总防汛工作组到白马沟检查沁河防汛工作，对有关防御措施给予了充分的肯定。

7月19日7时开始，沁阳水利局通报后寨电站过水100立方米每秒流量，8时18分山路坪110立方米每秒流量，8时30分仙神河下泄200立方米每秒流量，11时24分山路坪240立方米每秒流量，11时35分白水河320立方米每秒流量。上下游、干支流的水情及时通报，沁河流域上下一致，共抗洪水，共保安全。

7月20日下午，汪安南主任到丹河口、白马沟检查沁河防汛工作。汪主任一行在白马沟班组晚餐，班组条件有限，只能准备烩锅面，汪主任和市县党政领导一边吃一边谈，讲汛情，讲如何落实各级责任，其中还提到本次防洪运用中河口村水库有可能超历史最高运用水位。后来才知道，河口村水库拦蓄了上游4 000立方米每秒以上的洪水，削峰比例达到90%。我们计算了一下，如果河口村水库不拦洪水，沁河上游的洪水极有可能与丹河1 000立方米每秒流量的洪水叠加，博爱辖区将遭受5 000立方米每秒甚至6 000立方米每秒以上的洪水冲击，滩区将全部被淹、堤防需要全线打子堰防御，后果是不堪设想的。一场有水文资料以来最大的沁河洪水，通过水库联合调度，谈笑间被消弭；通过各级严实的防御，书写了人定胜天的篇章。

7月20日22时，长时间浸泡的留村闸有渗水情况，我们现场研判，初步判断是工作闸门配重不够、密封条老化，导致出现缝隙，会商决定对留村闸闸室进行完全封堵。我们组织抢险队员15人，孝敬镇组织民兵40人，采取土工袋填筑封堵的方式对闸室进行完全封死，到7月21日凌晨2时，闸室完全封堵，闸后不再渗水，这时候闸前水位已经比7月11日最高水位高出30厘米。我和孝敬镇长两人相视一笑，就一句话"各带各的人抓紧休息，洪水未过还有险情"，没有褒奖没有报酬，但我知道，此处安全就是最大的奖赏。

7月19日至7月21日期间，长时间强降雨，堤防工程遭受到极大的雨毁破坏，全线堤顶道路出现裂缝；白马沟班组附近大平台出现大面积滑坡，形成七八米高的大坑；长济高速和焦温高速桥下堤防堤坡出现一道道大水沟；张村险工、武阁寨险工、白马沟险工、西良仕险工都有坝坡受损；G207防洪补救工程因新植草皮根浅，加之堤前长期偎水，出现大量水沟浪窝……养护职工在承担防汛值守任务的同时，雨一停，就立即进行雨毁修复，并预置土工袋进行防护，与大雨赛跑，抢出了博爱速度，减少了雨毁损失。

7月22日14时30分，丹河山路坪流量再次达到1 000立方米每秒，河口村下泄流量500立方米每秒，再加上逍遥河、仙神河来水，预计武陟站流量将达到 1 600 立方米每秒。博爱辖区也出现了本次夏秋大汛最高洪水，白马沟险工13护岸开始偎水，西良仕以下一片汪洋。防指文件要求孝敬镇和金城乡共落实210人的群防队伍，晚上我从丹河口跑到武阁寨，发现每个村都上了不少于10人的群防队伍，在白马沟金城乡防汛前线指挥部，金城李静波书记给我说除了每个村正常防溺水的2人、交通管制的1人，又让各村上了10个人，并表示需要再上多少人，一定及时告知乡里，乡里人不够还可以管县里要，一个目标就是确保堤防不出任何问题。凌晨，南张茹巡查群防人员报告，堤坡前有冒泡的情况，驻白马沟班组的许发文副局长会同市局刘树利副总工立即前往查看。

7月23日，国家防总秘书长、应急管理部副部长兼水利部副部长周学文带领国家防总工作组现场查看了博爱白马沟险工段、丹河入沁口，对防汛责任制落实、巡查防守和安全运行情况进行了检查，要求我们加强堤防巡查防守，重点抓好险工险段、薄弱地区隐患排查，确保沁河安全度汛。在现场，周学文蹲在堤坡上查看了堤防种植的草皮，询问苏茂林副主任这是什么草，苏主任向周部长详细介绍了草种，并介绍了草皮对堤防雨毁的作用，这是一个细节，也反映出领导工作的精细。

7月23日11时，随着以丹河来水为主的洪峰过境，河口村水库开始按900立方米每秒流量下泄洪水，到7月26日河口村水库开始按500立方米每秒流量下泄洪水，这期间沁河流量一直保持在1 000立方米每秒以上。白马沟险工16坝、17坝长时间浸泡洪水，根石开始出现走失，大河顶冲大小岩险工，为确保工程安全，我局开始对白马沟险工16坝、17坝和大小岩险工进行预加固。为避免抢险破坏坦坡，我们采取抛投费用相对较高的长臂挖机，把石料投送至薄弱的根石脚，虽然慢但也明显节省了石料。大小岩预加固则采取了石料先倒至根石台，再用挖机摊铺到根石台下，对工程进行了整体防护。后期，大河不断摆动，对大小岩多处垛和护岸进行反复顶冲，因为已经做了整体防护，连续垛和护岸的根石脚连成一线，确保了整体的安全。博爱河务局的干部职工充分发挥了怀川人民精打细算的传统，每处工程预加固都采取最高效的方案，实现了最大的效益。预加固过程中，许发文副局长的手被划伤，带着缝了11针的伤口又返回现场；给养护副经理白常轩看孩子的岳母摔伤了脚，家中孩子需要照顾、岳母伤情需要陪护，白常轩夜里回了一趟家，白天继续在现场指挥预加固。正是这无私奉献的精神、守土有责的决心、人定胜天的信心，我们才能打赢这场硬仗。

众志成城的第三场洪水

根据气象部门预报，8月21~24日将出现新一轮强降雨，沁河可能会发生超预警洪水，这让7月防汛、8月防疫的治河人再次披甲上阵。

8月21日，我局再次启动全员岗位责任制，市局机关各部门及局属各单位机关人员全部下沉一线开展巡堤查险，为做好本次强降雨防御工作提供技术和人员支撑。我们把全堤线划成三个"战区"，三名局领导一人分包一处并与所处乡镇对接合署办公，每四人一组与一个沿河村结合落实群防队伍，开展联合巡查。狂风暴雨中，市局与县局、班组与乡镇、河务与群防合力做好河势工情观测、查险报险工作，彰显了责任与担当，众志成城守护沁河。

我局水政大队职工王刚始终坚守在防汛一线，作为沿沁金城乡组工干部的妻子，同样承担着沁河防汛巡查的任务，"我在沁河头，君在沁河尾，日日挂念不见君，共守沁河水"是他们的真实写照。有时忙乱中路过妻子的值守点，也只能匆匆的一瞥，用一个眼神告诉妻子"我很好，不用担心，你也注意安全"。

8月23日上午，云开雾散、大流量也平安过境，这次洪水没有第一场洪水来得猛烈，没有第二场洪水来得势大，但却践行了"人民至上、生命至上"的理念，实现了"上下同欲者胜、干群一心者胜"。

初心坚守的第四场洪水

9月27日16时，武陟水文站流量2 000立方米每秒，刷新了1982年以来沁河洪峰历史极值。这场洪水最大的特点是历时长，再加上前三次洪水的坚守，到这时已是人困马乏，中间又有中秋节、国庆节。但这次洪水却又最考验初心不改的诺言。

"一个支部就是一个堡垒，一名党员就是一面旗帜。"我们迅速成立决战秋汛第六临时党支部，设立白马沟班组、留村班组临时党小组2个、党员突击队1支、党员先锋岗3个、党员责任段3个，党旗引领，冲锋在前。支委成员带头分片驻扎白马沟、大小岩、留村堤段，指导防汛抗洪、提供险情处置技术指导。在白马沟班组设立抗洪抢险前线指挥部，及时会商汛情，精准研析水势，科学制订防范和应对措施，有力调度指挥当前防汛工作，当好党员群众的"主心骨"，立稳"定海神针"。科级干部、业务骨干担任党小组长，在巡堤查险、除险加固、水位观测等工作中走在前、做表率。一线党员严格落实班坝责任制，及时传递雨情、水情、工情信息，24小时不间断巡查，做到险情早发现、早处置、早报告，为沁河安全度汛筑起一道道"红色堤坝"。

市局参与市委专项督查，督促沿河县（市）落实各项防汛责任，仅用了两天在白马沟、大小岩实现了大电亮化，县政府提供500立方米石料并表示视汛情随时提供石料，白马沟险工于温博路口设置交通信号灯，为长历时防守提供了保障支持。

我们还邀请博爱县武装部对民兵参加整组点验进行培训，利用"钉钉"群等向一线党员及职工转发水利部有关堤防抢险技术手册，将"业务骨干大讲堂"搬到沁河堤坝，在大堤上开展青年职工和群防队伍防汛业务培训，传递知识，在夜间水位观测和巡堤查险中，冒雨教学。广大党员干部闻"汛"而动、众志成城，把初心使命镌刻在防汛第一线、抗洪最前沿，让猎猎党旗在防汛堤坝上高高飘扬。

若干年后，再回忆这场夏秋大汛，一个个感人的瞬间、一面面鲜红的旗帜将成为初心不改的注解。

长缨缚波

——焦作黄沁河2021年罕见长汛实录

媒体

MEITILIANJIE

链接

◎逐汛而行　与河共舞

◎雷厉风行　严阵以待

◎众志成城筑起坚固堡垒

◎守护黄沁河　不负正青春

......

逐汛而行　与河共舞
——焦作河务局战胜2021年黄沁河洪水综述
◎文图/杨保红

沁河洪水

2021，注定是不同寻常的一年，历时百日的沁河长汛、罕见的黄河秋汛，担负着黄河、沁河两副防汛担子的焦作河务局，经历了严峻的考验。6次启动全员岗位责任制，5次启动防洪运行机制，焦作黄河人向党和人民交出了合格的答卷。

7·11：丹沁并涨　沉着应对

时间进入2021年7月，一次强降雨过程开始在沁河流域酝酿，雨区主要集中在沁河下游及其支流丹河。

7月11日13时30分，沁河山里泉水文站出现3 800立方米每秒的洪峰流量，为建站以来最大流量。

当日15时54分，沁河支流丹河山路坪水文站出现1170立方米每秒的洪峰流量，为1957年以来最大流量，排建站以来第四位。

面对突如其来的汛情，焦作河务局领导班子成员分别带领6个工作组，下沉防汛一线，这一做法后来被广泛运用于河南黄河防汛工作中。

7月11日，焦作河务局协助河南省防指在沁河白马沟班组建立指挥部。焦作市、县防指按照防汛预案从容应对，按照"停、降、关、撤、拆、转"的要求，在所有进滩、上堤路口设置关卡，确保沿河群众涉水安全。

此次洪水特点是：一是降雨集中；二是涨势猛，沁河山里泉站从起涨到洪峰3小时，丹河山路坪站从起涨到洪峰仅30分钟。

然而，由于沁河下游河道多年来未有大流量行洪过程，河道干枯，且有较多杂物堆积，造成行洪不够通畅，延长传播时间。至7月13日7时，武陟站出现最高洪峰流量为368立方米每秒。

在2020年防御黄河5500立方米每秒洪水过程中，焦作首创交通管制的方法。在这次洪水过程中，焦作市沿河5县（市）对黄沁河防汛相关的重要路口安排公安人员把守，所有进滩、上堤路口都有群防队员，确保防汛现场没有一个闲杂人员。

7·23：洪汛再起　除险加固

沁河首次洪峰过后，气象部门预计沁河流域后续仍有强降雨，焦作市沿沁河各县（市）政府与河务部门强化各项措施，严阵以待，迎战可能出现的暴雨洪水。严格24小时值班，执行战时纪律，坚持24小时不间断开展"一堤一滩一河"网格化巡查巡险。

据气象专家分析，由于大气环流形势稳定，水汽条件充沛，地形降水效应显著，对流"列车效应"明显，沁河流域持续降雨，7月19日以后，沁河流量持续加大。

面对沁河罕见汛情，焦作河务局密切关注天气、雨水情变化，坚持每

群防队员对上堤路口进行管制

日会商，滚动研判汛情，牢牢把握防汛主动权；及时发布洪水预警，以市防指名义下发防汛指令15份。

焦作河务局领导班子驻守在一线、抢险队伍备战在一线、料物机械集结在一线、抢险专家下沉在一线、工作要求落实在一线、后勤物资保障在一线，全面压实"最后一公里"责任。

沿沁河务部门职工246人开展巡坝查险，21处水位观测站每30分钟观测1次河道水位，启用14个断面加强滩岸观测；应急抢险队驻守险点险段，随时做好抢大险准备；每座涵闸明确1名县级领导责任人，落实150人的护闸队；组织沿河群防队伍1.1万人上堤防守，近年来首次大规模使用群防队伍进行巡堤查险。

7月23日3时12分，沁河下游武陟站出现1 510立方米每秒最大流量。在焦作沿沁政府、河务部门、人民群众的共同努力下，洪水顺利进入黄河。

此次行洪期间，焦作河务局对沁河险工、险段和风险隐患进行再排查，累计排查整改隐患602项。安排大型机械50余台，按照"抢早、抢小"的原则，对有出险苗头的21处工程果断抛石加固，保障了洪水期工程运行正常。

8·23：暴雨来袭　严阵以待

为全面防御黄河流域新一轮强降雨，黄委根据当前防汛形势于8月21日12时发布黄河中下游汛情黄色预警，启动黄河水旱灾害防御Ⅲ级应急响应。

8月21日晚，在河南河务局防汛视频会商会后，焦作河务局召开紧急防汛视频会商会，专题部署本轮强降雨应对工作。根据全员岗位责任制相关要求，各职能组全部到位，机关下沉人员22日迅速到位。

8月22~23日，焦作河务局按照上级要求，组织市局机关131人（总人数86%）、县局475人（总人数89%）下沉一线，与一线巡查人员204人、群防队员2 080人开展巡堤查险，全力做好各类灾害防御工作，确保焦作黄沁河防洪安全。

在此次迎战强降雨可能带来洪水的过程中，焦作河务局率先按照省局要求，按照1∶3的比例落实群防队员。在黄沁河防洪工程一线，焦作河务局党员骨干、中层干部、班子成员组成了"党员先锋队"，主动承担值班值守任务。防汛业务骨干、机动抢险队员加大防洪工程巡坝查险，及时上报水情工情等信息。在河务部门与沿河群防队伍共同努力下，焦作黄沁河又一次度过了暴雨过程。

9·27：迎战秋汛　枕戈待旦

进入9月，正当人们想松一口气时，受新一轮降雨和河口村水库泄洪影响，沁河下游迎来新一轮洪水过程，9月27日15时24分，武陟站流量2 000立方米每秒，刷新1982年以来沁河洪峰纪录。

同时，黄河流量也在加大。从9月27日到10月5日，9天之内黄河发生了3次编号洪水。

焦作河务局9月26日第6次启动全员岗位责任制，机关人员继续下沉一线。全局动员，在防汛一线成立临时党支部，以实现"不死人、不漫滩、不跑坝"为防御目标，发扬连续作战的工作作风，压紧落实各项责任。

下沉人员在黄河老田庵控导33坝查看水尺

充分利用焦作市防指机构平台，建立"1+3+5+N"指挥体系，河务局、应急局、水利局密切配合，在沿河5个县成立抢险指挥部，与公安、消防、电力、武警等部门沟通协作，预置抢险队伍、严格交通管制、保障电力供应，高效落实防汛责任和防汛指令。

在37处重点控导、险工工程，配备挖掘机、装载机、自卸车共202台套；沿河各县（市）预置5支抢险救援队伍。认真盘点石料、铅丝等主要抢险物料的消耗情况，协调地方政府及时补充防汛物料。

对防洪工程薄弱部位、易出险部位提前进行除险加固，9月26日以来，对黄河6处工程的69道坝、沁河13处工程的39道坝垛进行除险加固，提升工程抗洪能力，确保不出现较大以上险情。

积极协调电力部门做好重点防洪工程网线供电保障，在34处重点防守工程架设电力线路25公里，布设57台发电照明设备和138处路灯。

在黄河6处工程安排公交车、救护车，方便一线人员的生活，保障医疗卫生。

为坚守防洪一线的党员配发红袖章，让一线党员亮明身份戴"章"上

黄河控导工程除险加固作业

岗，一面面活的"党旗"高高飘扬在抗洪抢险的最前沿；成立决战临时党支部，以党旗引领战旗，筑牢战斗堡垒。14个基层党组织、19支党员突击队、11支党员志愿服务队、300余名党员始终奋战在焦作黄沁河防汛抗洪最前沿。

黄河秋汛防御战当前已进入决胜期，焦作黄河人将用专业和坚守，全力夺取黄沁河防汛最后的胜利！

（2021年10月18日　中国水利网站）

雷厉风行　严阵以待

——焦作河务局全力迎战"7·19"暴雨

◎文图/杨保红

　　接到河南省防汛抗旱1号指挥长令和河南省、焦作市防汛部门关于迎战"7·19"暴雨安排部署后，焦作河务局高度重视，深入宣传发动，周密安排部署，强化各项措施，严阵以待，迎战可能出现的暴雨洪水。

传达河南省防汛抗旱1号指挥长令精神

闻令而动，紧急部署

　　7月16日20时30分，焦作河务局组织召开防汛会商会议，传达国务委员王勇、水利部部长李国英、河南省委书记楼阳生、河南省省长王凯、河南黄河河务局局长张群波、焦作市委书记葛巧红、市长李亦博等各级领导近期关于防汛工作的指示精神，对7月17~19日持续强降雨过程做出安排部署。7月17日下发《关于切实做好新一轮强降雨防范工作的通知》，要求所属各单位压实防汛责任，加强涉水安全管理、工程巡查防守、防汛应急值守等工作。

压实责任，加强防守

7月16日22时，焦作河务局启动防洪运行机制，水情组、工情组、通信保障组等各职能组上岗到位。副县级干部带领工作组分赴一线，督导、协助各单位应对此次强降雨工作。局领导分别带队深入一线，督查防汛责任、防汛值守、物料准备、队伍状况、险工险段和防守措施。

焦作河务局向市领导汇报防汛工作

博爱河务局工作人员在留村险工查看河势

焦作河务局全局上下进入战时状态，严格24小时值班，执行战时纪律，随时做好抢险准备。

加固工程，加强巡查

对沁河马铺险工易出险部位进行预加固

焦作河务局全面动员，深入查勘检查253公里黄沁河堤防，24小时不间断开展"一堤一滩一河"网格化巡查巡险。设置警示标志，教育引导群众增强安全防范意识，禁止群众进入险区。有针对性地开展防汛抢险实战演习及迁安救护演练，确保一旦发生险情，黄河滩区10万群众、沁河溢滞洪区5.4万群众第一时间安全转移。

焦作河务局全面

抢险队员整装待发

排查险点险段，并对易出险等薄弱环节进行预加固；严密排查涉水物体锚固情况，切实做到"汛期不过、排查不停、整改不止"；加固沁河观测水尺，加设临时备用水尺；加强人员生产安全管理，强化值班值守后勤保障。

突出预防，重点防范

目前，焦作河务局及所属县级河务局密切关注雨水情、工情变化，加强工程巡查，确保险情早发现、早抢护。

将沁河内影响行洪的浮体撤离河道

焦作河务局在重点工程、易出险工程均安排了科级干部值守，备足抢险物资，预置抢险机械，抢险队员集结待命，做好随时抢险准备。

强化督查，严阵以待

焦作河务局抽调4人参加焦作市防汛安全督查组，每天对各县压紧压实防汛责任、会商研判机制落实、隐患排查整治、应急预案演练、防汛工作保障等方面的工作开展情况进行巡查。

该局监察、人劳等部门组成的督查组及时开展督查，专项落实防汛要求。7月16日，焦作河务局开展专项督查，对各个班组仓库备料的数量进行核实，发电机、机械设备开机检查；检查所有一线人员雨衣、胶鞋、手电、救生衣、探水杆等装备的到位情况；查看上堤路口及堤顶道路、工程坝顶畅通情况；河道内各类船只锚固、撤离情况。

同时，该局与通信三大运营商建立了预警信息发布机制，提前发布预警避险短信，提醒社会公众主动采取防灾避险措施。

目前，焦作河务局全体干部职工按照1号指挥长令要求，正在进一步落实各项措施，以必胜的信心和昂扬的斗志，以让党和人民放心的承诺，迎战可能到来的暴雨洪水。

（2021年7月20日　《黄河报》）

众志成城筑起坚固堡垒

◎王正君

水北关，坐落在沁阳沁河北岸，村旁就是新修建的沁河桥，这里沁河水缓缓流过，宁静美丽！

7月20日11时，沁阳逍遥石河水位急剧上涨，入沁河口附近的沁河大堤水北关段被逍遥石河猛涨的洪水冲刷堤脚，部分堤坡坍塌！沁阳河务局组织机动抢险队联合怀庆街道办事处人员和水北关村两委干部紧急赶往现场。在狂风暴雨中，现场的抢险队员腰系安全绳，冒雨下堤清理树木，现场制作加固堤坝的拦水栅栏。

13时15分，由于洪水过急过猛，抛投的吨包被洪水冲走，作业难度加大！防汛抗旱指挥部又紧急调配大型作业机械和防汛物资，赶往现场支援。雨势不断加大，给抢险工作带来了一定困难。由于水情变化，随后调整了抢险方案，调集更多人员参战，分为两路，在逍遥石河入沁口和沁河大堤水北关段同时开展抢险作业。一方面用大型吊车向河道内抛石，改变河水流向，避免直接冲击大堤，同时继续加固受冲击的堤段。

16时，抢险队员正在把修桥留下的大石板填入水中，然后用防汛专用吨包装进土方，把涵洞堵住，防止逍遥石河水通过涵洞继续冲刷堤岸。

18时30分，抢险队员已经奋战了7个多小时，抢险还在进行……

从上午11时到次日凌晨，沁阳河务局抢险队员们几乎一夜没合眼，疲惫地刚坐下来吃点简单早餐喝点水，21日上午又是暴雨倾盆，继续开始抢险！"必须用大型的柳石枕，得比原来的更大，这样不容易被冲走，护坡效果会更好。"现场沁阳河务局应急机动抢险队的队员们一边忙碌，一边根据工程进度，调整抢险方案。

经过十几个小时的紧张抢险，现在逍遥石河流入沁河的洪水已经改道，不再对水北关村的沁河大堤造成冲击，险情暂时得到了缓解，但如果堤坝得不到加固，仍然有塌方的隐患，所以堤坝加固工作一直在紧张进行。在20日出现险情的水北关村沁河大堤上，上百名水北关村群众自发来到河堤上，冒雨参加抢险，沁阳河务局抢险队员们和他们一起运送木料、石料，绑柳石枕，加固堤坝。人群中，有60多岁的老人，有20多岁的年轻人，还有浑身湿淋淋的妇女！大家手搬肩扛，顾不得大雨淋湿了衣服，顾不得雨水模糊了眼睛。力气大的搬石块，力气小的运树枝，他们中有的甚至连雨衣都没穿。58岁的大妈陈省本来是打伞路过，看到现场这么多人在忙碌，放下伞就冒雨加入到搬运队伍中。"大妈，雨这么大，你怎么不打伞不穿雨衣啊，先回去穿雨衣再来吧！"一位现场的工作人员拉住正在搬运石块的陈省说。"我打伞来了，打着伞不方便，没事，这有这么多人都是这样干哩，我没事。"63岁的村民丁和平也加入了抢险的队伍，刚卸完木料，转身又加入了搬石料的队伍。"丁叔，你这么大年龄了，能搬得动吗？"一位年轻人看着丁和平，担忧地说。"能搬动，有多大劲使多大力，咱也得为防洪尽点力，是吧！"

11时，雨势越来越大，但现场的抢险群众却是越来越多，大家的热情也越来越高涨，口号声越来越响。由于现场雨声越来越大，他们不得不一再提高自己的嗓门。伴随着众人"一、二、三"的口号声，一个个柳石枕落入河水中。

"一、二、三，一、二、三；好！"现场的口号声此起彼伏！

风声、雨声、水流声，人声、喊声、口号声，声声入耳！截至21日晚上八九点钟，险情才基本控制。

强降雨虽然还会来，险情也许还会出现，但在险情面前，沁阳河务局专业抢险队员们正以"众志成城，凝聚力量，迎难而上、敢于胜利"的抗洪精神，和沁阳干部群众一起在沁河大堤上展示风采，书写华章！

（2021年7月23日《中国水利报》）

守护黄沁河　不负正青春

——武陟第一河务局防汛一线战犹酣

◎郝梦丹

受多日以来持续强降雨影响，焦作武陟黄河、沁河出现多次洪水过程。沁河下游武陟站23日3时12分出现1 510立方米每秒最大流量。

为守护黄沁河安澜，武陟第一河务局第一时间启动全员岗位责任制，全体职工克服一切困难，立刻投入到了迎战洪水这场没有硝烟的"战场"当中。

梁新波，轻伤不下火线的"最美黄河人"

在一次冒雨巡堤查险的过程中，梁新波不慎摔倒，胳膊上缝了五针。为了防止伤口感染，同事们都劝他休息一段时间，可第二天一早，人们又看到了大雨中手臂上缠着纱布、已经投入到防汛值守工作中的熟悉身影。

"这点伤算啥，只要能保证沁河'不受伤'，大堤'不受伤'，一切都是值得的！"梁新波朴实的话语，正是基层一线普通职工最真实的心声。

高峰，冒雨值守的使命担当

7月11日，焦作及上游地区突降暴雨，沁河水位暴涨，武陟第一河务局连夜启动全员岗位责任制。

在接到防汛命令的第一时间，作为沁河东关险工带班领导的高峰，就在凌晨冒着大雨赶到了水位观测点。

由于暴雨来得太突然，东关险工没有帐篷等避雨设施，高峰只靠着一把雨伞，硬是在暴雨中蹲守了整整一夜。

从凌晨到早上8时，冰冷的大雨一刻未停，可第二天一早，浑身湿透的高峰并没有选择休息，而是继续投入到了更加烦琐、细致的后勤保障工作当中。

常利芳，沁河大地上绽放的"铿锵玫瑰"

作为武陟第一河务局防汛抢险技术骨干，常利芳站在沁河大堤高高的备防石上，给地方群防队伍培训巡堤查险知识。

这样的一线应急培训，在暴雨肆虐的这些天里，常利芳每天都要组织好几次。由于地方群防队伍人员更替频繁，每一次的培训，常利芳都要事无巨细详细解答，喉咙嘶哑疼痛是家常便饭。

"地方群防队伍培训好了，沁河大堤如果出现险情，就会发现得更快，损失也会更小……"常利芳巾帼不让须眉的身影，如同一朵铿锵玫瑰，绽放在沁河如晦的雨幕之中。

武发扬，第一次参加一线洪水防御的90后

"我想回去看看自己的女儿，她现在正在生病住院，已经两三天没有吃东西了，情况非常不好……"

武发扬作为一线险工带班领导，在连日24小时一线应急值守的时候，女儿突发疾病住院，病情一度非常严重。可是，衡量再三，武发扬还是没有选择请假去医院探望，而是一直处在一线防御洪水的高强度工作当中。

"我是今年的预备党员，和党的百年华诞同岁，更应该有共产党员的觉悟。我也希望女儿能像爸爸一样坚强，尽快好起来……"

三过家门而不入，全力备战防御大洪水，这就是一个90后预备党员面对洪水这场"大考"，给出的最好答案。

面对数十年来最强洪峰，武陟第一河务局最值得赞美的，除了一个个典型事迹，还有一大批默默付出、甘于奉献的普通人。

他们克服了暴雨、高温、蚊虫叮咬等一系列困难，坚守在抗击洪水一

线，或是在暴雨中默默记录着水尺，或是在烈日下汗流浃背巡堤查险，或是48小时不下堤、睡眠不足5小时，或是防汛备料、抢修堤防到凌晨3时……

这些都是实际发生，而且正在发生的，没有华丽的语言，只有恪尽职守的坚持。

也有一群党员志愿者，他们自发组成党员突击队，冲锋在防御洪水的第一线。

"昨天河堤上的大风有八九级，帐篷都刮坏了，可这两面党旗和党员突击队的旗帜，竟然还依旧迎风飘扬，党员突击队的志愿者也一个没撤……"提起党员突击队，地方群防队伍的一位大姐赞誉有加，连连竖起大拇指。

每个人都有青春，每一条河流也有自己的青春。

武陟第一河务局全体职工，正是以自身之青春，守护黄沁河之韶华。

战鼓声声，惊雷阵阵；水波淼淼，烽烟滚滚。

防御洪水战事犹酣，不负青春不负家国。

这一刻，他们都是"最美丽的人"！

（2021年7月24日　黄河网）

沁水河畔 "最可爱的人"

◎王晓凤 王 铎

受近期连续强降雨及上中游来水影响，沁河下游武陟站7月23日3时12分出现1 510立方米每秒最大流量，形成自1982年以来最大洪水，防汛形势异常严峻。汛情就是命令，防汛就是责任。温县河务局迅速进入战时状态，全体干部职工严阵以待，每个人都是防汛战线上的 "战士"，为确保防洪安全时刻准备 "战斗"。

党员带头：初心照我去 "战斗"

防汛一线是党员干部发挥先锋模范作用的 "火线"，是党员干部践行党的根本宗旨的 "阵地"。面对汛情，温县河务局党员干部扛起义不容辞的防汛责任，坚持人民至上、生命至上，在防汛一线充分发挥党员的先锋模范作用。

冯星，队长走在队伍前。

作为温县河务局抢险队队长，自7月11日驻守沁河堤防，这半个月里，他以堤为床，以天为被，扎根防汛一线。11.172公里的沁河堤防，已经走了不知多少遍。面对暴雨，他连续作战30多个小时，因为巡堤查险、排查工程隐患、指导险情抢护、群防队员统筹调配等各项工作，都需要他来安排调度。

大家都说："哪里有险情，哪里就有冯星的身影。"嗓子哑了，脚磨烂了，但他 "战斗" 的脚步却丝毫不停歇，依然不知疲惫地奋战在防汛第一线。

张鹏飞，"老战士" 的新挑战。

6月之前他还是一名8年驾龄的司机，而今他却快速成长为防汛一线的"多面手"。从学习堤防巡查、运行观测到带领群防队员巡堤查险，从连夜接收调拨物资的"接收员"到铅丝网片"装卸工"，从新村班组"大总管"到防汛一线"勤务员"，他在一次次身份的转变中，展现出了一名共产党员的责任担当，就如他自己常说的"我是革命一块砖，哪里需要往哪搬"。

张红艳，"我的岗位我负责"。

由于夜晚冒雨巡查，加上白天太阳暴晒，7月23日晚上张红艳有些中暑，恶心呕吐。得知情况后，领导准备给他换个岗位，他却说："这段堤防我熟悉，换了别人不了解情况。"就这样，他在简单吃了点药后，继续踏上了巡查路。

在笔者采访他的时候，他还直说："作为河务局的职工，尤其是一名党员，这个时候就是要带头，要干好工作不出错。"

劳模请缨：不退水不下"火线"

"不畏艰险、攻坚克难"是劳模精神的重要内核。温县河务局劳动模范以逆向而行的坚毅，彰显着黄河职工的无私奉献，让劳模精神在防汛一线绽放光芒。

许国强，黄委劳模。

"张局长，我向您申请，把我调入沁河抢险队防汛物资保障组！"这是得知沁河水位上涨后，许国强打的第一通电话。

一到沁河堤，许国强二话不说就开始发动移动照明设备。到了晚上9时多，一起工作的同事才发现许国强是带伤工作，肩颈上还绑着绷带，大家都劝他早点休息，他却不放心，怕别人操作不好照明设备影响查险效果，硬生生地熬到深夜11时多，最后被同事强行带离让他去休息。现场的同事说，他走的时候伤口都开始渗血了，他还笑着说，没事儿，是轻伤……

"我只是做了一名一线职工该做的事，被授予黄委劳模，让我深受鼓舞。要说成绩，我感觉做得还不够，还需继续努力。"这是许国强常挂在嘴边的话。

王铎，河南河务局劳模。

素有"人机一体"之称的王铎，是一名装载机操作手。7月22日下午，焦作河务局点名要求技艺高超的王铎紧急支援沁阳马铺险工。

雨天作业，不仅轮胎容易发生侧滑，而且视线模糊，影响抛投精准度。作为有着丰富抢险经验的"老兵"，只见他关上驾驶室门，发动装载机，在只有仅仅1.2平方米的岗位上，铲石、抛投、往返，在空中划出一道道完美的弧线，而每个作业周期平均用时不到3分钟。"快、准、好"是在场人员对他操作技能的一致评价。

在连续奋战4个小时后，这位"老兵"出色地完成了支援任务。

后勤有我：你守"前线"我护你

兵马未动，粮草先行。后勤保障是先锋。在这片特殊的"阵地"上，温县河务局后勤保障组成员是特殊的"战士"，哪里群众最需要，就出现在哪里、冲锋在哪里、战斗在哪里，为一线提供坚实保障。

周跃峰，后勤保障组水电工。

7月20日，受强降雨影响，沁河新村班组突然断电。在机关上班的他二话不说，开上自己的私家车直奔班组。路上积水较深，他开得小心翼翼，以防大水淹车。到了班组，拿起工具，铺设临时电缆，启动发动机，一气呵成。与此同时，局机关、大玉兰班组也纷纷遭遇突然断电。顾不上休息，他又急忙前往局机关、大玉兰班组，而这三个地点开车往返至少需要2个小时，他就这样冒着大雨，奔波在送电路上。

刘振永，后勤保障组成员，负责一线防守人员食宿。

7月11日下午，沁河水位快速上涨，一线人员紧急集结。在时间紧、任务重的情况下，他第一时间落实一线班组宿舍情况，随后，立即赶到单位仓库，清点折叠床、被褥，与一起赶来的司机配合，将床、被褥运往一线班组休息点。忙完这些，顾不上休息，刘振永又立刻与司机前往菜市场采购晚饭所需食材，应急准备30余人就餐。

与此同时，后勤保障组的其他成员也在各自岗位上按照分工，雨中"作战"。

孙国忠，司机班班长。

进入防汛一线他又拥有了多重身份，一会儿是交通临时疏导员，一会儿是后勤服务员，一会儿又是"可移动防汛图"。

陈兵兵、王小川、冯志达、郭永波，司机。

由于夜间冒雨不间断巡查，司机班4名司机分别分布在亢村、善台、吴卜村、新村四处险工，与一线巡查人员共同坚守各节点阵地。

7月24日晚上的新村班组食堂，热闹非凡。原来是该局驻守一线的运行观测人员王涛的39岁生日，后勤保障组提前订购了蛋糕，与一线人员集体唱响生日快乐歌，记录这个难忘的生日，也在一片欢声笑语中有效缓解大家持续作战带来的疲劳。

不惧风雨苦，唯恐负重托。自入汛以来，温县河务局全体干部职工坚守岗位、随时待命，扛起责任、不辱使命，持续奋战在防汛一线，用实际行动诠释了防汛"战士"的含义，他们都是"最可爱的人"！

（2021年7月27日　黄河网）

沧海横流，方显英雄本色

——记防汛一线的许发文同志

◎王　鸽

2021年7月注定不平凡。

一场突如其来的洪水袭击了河南大地，全省多处受灾。沁河也经历了自1982年以来最大的一次洪水过程。在这场洪水中，博爱河务局全体干部职工充分发扬"万众一心、众志成城，不怕困难、顽强拼搏，坚韧不拔、敢于胜利"的抗洪精神，斗暴雨、战洪水，确保了沁河安澜，为沿沁人民群众筑起了坚实的生命堤坝。

今天为大家讲述的，就是在应对此次洪水过程中表现突出的博爱河务局抢险技能首席专家许发文同志的故事。

风雨沁河战犹酣

作为高级工程师，河南河务局、焦作河务局抢险专家人才库入选专家，在洪水来临之前，防洪预案就已经为许发文同志锁定了"技术指导"这一重要角色。

"7·11"洪水发生后，许发文同志作为技术负责人，及时总结洪水过程中的经验教训，结合工程情况和人员特征，细化调整了博爱河务局防汛抢险全员岗位责任制，为迎战更大洪水打牢了坚实基础。

按照岗位责任制，许发文同志负责沁河左岸堤防白马沟险工至武阁寨险工共7.2公里的防守任务，包含工程3处，近堤村庄4个，其中也包含沁河防守重中之重的南水北调穿沁倒虹吸工程。为了确保打赢这场洪水阻击战，许发文同志长驻一线，靠前指挥，与一线守险人员同吃同住同守护，累计18天不下堤防，每天都是凌晨以后才能休息，当天5时就投入到紧张的沁河防守任务中去。做为技术负责人，他先后对博爱沁河抢险突击队、博爱县沁河群防队伍等进行技术培训6次，培训人数达500余人次，进一步提高了各队伍的技能水平。

守望相助显担当

在做好沁河防汛工作的同时，许发文先后7次赴博爱县大沙河、丹河、月山水库等防汛一线进行抢险技术指导，为支援地方防汛抢险做出了很大贡献。

7月22日，受上游及辖区内持续强降雨的影响，博爱县境内大沙河发生多处险情。上游洪水出山谷后流速迅猛，洪水主溜淘刷护坡，致使发生塌岸险情多处，累计长度达500余米，若不及时抢护将会危及博爱县境内公路、铁路，还需对贵屯村、水运村等村民实行迁安救护，情况十分紧急。险情发生后，博爱河务局充分发扬了河务与地方共融共建的精神，在博爱县防汛抗旱指挥部的统一协调下，派遣许发文同志到出险现场指导抢险。结合现场出险情况，他迅速给出抢护方案，采用抛石固根挑溜的方法，选定3处进行机械抛石，使主溜改变了流向，避免继续淘刷护坡，防止了大沙河险情的进一步扩大，为两岸人民群众筑起了一道防护屏障。

在月山水库，巡查人员发现了一处深灰的涌水，与周围雨水汇集的水流颜色截然不同，翻涌的水浪挟带着水库底经年的淤泥，正蕴藏着危机。许发文同志到达现场后，迅速判断出这是一起典型的管涌险情。他向现场抢护人员解释管涌的成因，并指导现场人员采用反滤围井的办法进行抢护。一袋袋砂石组成的围井逐渐垒起，围井内用细石料填充过滤，随着底部导管内逐渐流出清澈的水，许发文同志肯定地说："没有问题了，这个险情已经得到控制"。

他的行为，搭起了河务与地方共建共融共担风险的新桥梁，受到博爱县党政领导的高度评价。7月27日，一封由博爱县水利局发出的感谢信送到了许发文同志的手中，成为他主动担当、积极作为的最好诠释。

轻伤绝不下战场

许发文同志一心为防汛，始终把人民的生命财产安全放在第一位，将自身的安危放在其后。

7月23日，沁河洪水持续上涨，武陟水文站出现1510立方米每秒的最大流量，是1982年以来最大洪水流量。博爱沁河洪水多处偎堤，白马沟险工17坝受持续洪水冲刷，发生根石走失险情。

险情就是命令。许发文同志立即组织现场人员边抢护、边报告。他和抢险队员一起装抛铅丝笼进行固根，又指挥长臂挖掘机，将17坝上集中堆放的备防石投放到根石走失位置，以提高固根效果。

许发文同志深知，白马沟险工地理位置十分重要，不仅国家南水北调倒虹吸工程从此段穿越沁河，而且此处险工多处靠河靠溜，是博爱沁河防汛的重中之重，容不得一点闪失。

在他封装铅丝笼时，一根铅丝网片上伸出的铅丝将他的左手虎口刺出了一条长长的伤口，顿时血流不止。鲜血染红了他的迷彩服，也染红了迎风飘扬的党旗。在同志们的强烈建议下，他才前往医院进行包扎，6公分的伤口缝合了11针。在处理过伤口之后，他重新投入到防汛抢险的第一线，继续指挥抢险、指导夜间巡堤查险工作。

许发文同志说，关键时刻冲得上去、危难关头豁得出来，才是真正的共产党人。他选择在防汛形势严峻的时刻冲锋在前，不仅仅因为入党时的宣誓，更因为他立场坚定，懂得"大我"与"小我"的关系，这也是他身为一名共产党员的初心和使命。

沧海横流，方显英雄本色。许发文同志以高度的责任心，把初心落在行动上，把使命担在肩膀上，在其位谋其政，在其职尽其责，主动担当、积极作为，用实际行动为沁河沿岸群众筑牢了坚实的防汛堤坝，让党旗在防汛抢险一线高高飘扬。

（2021年7月29日　中国水利网站）

用行动践行初心使命

——孟州河务局防汛一线党员风采录

◎杜　鹃

在孟州河务局有这样一群党员，常年坚守在治黄一线，用高度的责任感和奉献精神坚守着岗位，舍小家顾大家，守护在母亲河畔，充分发挥了战斗堡垒和先锋模范作用，闻"汛"而动、冲锋在前、主动作为、顽强奋战，让党旗在防汛一线高高飘扬。

"党员巡防队"守护群众安全

入汛以来，孟州黄河岸边活跃着一支身着黄色"工程巡查"小马甲和红袖标的队伍，这些由一线运行观测巡查员组成的巡防队，冒着酷暑在黄河沿岸进行工程观测、河道巡查的同时，加大涉河安全巡逻力度，及时发现、制止到黄河岸边玩耍嬉戏的儿童和下河游泳的群众，并提醒大家，黄河河道复杂，不要到河里游泳、捕鱼以及从事其他危及人身安全的活动。巡逻中，他们还通过发放涉河安全宣传材料、讲解溺水事件典型案例等方式，劝导群众珍爱生命、远离河道、预防溺水事件的发生。

"党员养护队"助力工程管理

由于孟州境内普降中到大雨，致使黄河防洪工程出现水沟浪窝等不同程度的损毁，对工程面貌完整性造成了一定影响，为保持工程完整，确保防洪工程的抗洪强度，孟州河务局紧急部署，立即组织职工对雨毁工程进行修复。为加快工程整修进度，机关、一线30余名党员组成党员养护队，填垫水沟浪窝、对倒塌的备防石进行整理和恢复，平垫、修补坝顶、坝肩，及时还原坡面，尽力将雨损降低到最小程度，使受损部位尽快恢复工程原貌，有力推动了防洪工程养护工作的有效开展。

"党员安全哨"撑起保护伞

"小孙，巡坝查险一定要穿救生衣。"

"小尹，工作期间不要喝酒，非工作期间酒后不要开车。"

6月18日起，6名党员安全监督员进驻一线班组，吹响党员安全哨。

为加强汛期安全生产工作，提高全局安全生产水平，该局实行党员安全监督员制度，6名科级干部主动请缨，担任一线班组安全监督员。通过对班组开展安全检查、排查安全隐患，对职工进行安全常态化提醒和非职务犯罪谈话，切实将安全隐患消灭在萌芽状态，为一线职工撑起了一道保护伞。

"党员技术专家队"成为防汛主心骨

为加强汛期一线河势观测和防汛抢险工作，该局抽调7名责任心强、抢险技术过硬的党员干部组成抢险指导队进驻控导工程，与一线职工一道顶烈日、冒酷暑，密切观测工情、水情，及时指导一线职工处理解决各种技术难题。同时通过现场防汛课堂讲授黄河河道观测方法、险情抢护实例、河道整治工程险情抢护原则抢护方法、黄河水沙调控技术及水库调度实践等，帮助年轻职工提高治黄专业素质和本领，为防汛工作提供了智力支撑和技术保障。

"一个支部一个堡垒，一名党员一面旗帜。"汛期仍未结束，防汛战斗还没有终止，孟州河务局的党员干部用实际行动展现了共产党员的责任担当，诠释了共产党员的初心使命，他们是一个个"防汛堡垒"依堤矗立，紧紧守护着黄河岸边的人民。

（2021年7月19日　中国水利网站）

向险而行 以"迅"治汛
——焦作河务局抗击强降雨纪实

◎郑方圆 李冰倩

7月22日夜间，当河南郑州灾情牵动全国人民之时，位于郑州西北方向的焦作市也已进入紧急备汛状态。流经焦作的黄河一级支流沁河出现明显涨水过程，沿河区县温县、博爱县等地陆续发布暴雨黄色预警信号。

险情不断，责任如山！人民至上，生命至上！焦作黄河人迅速出击、冲锋在前，用汗水谱写出向险而行的动人诗篇。

备汛保民安

暴雨、大暴雨！

7月18日以来，沁河干支流水位持续上涨，7月19日19时，焦作市防指启动Ⅳ级防汛应急响应，并于20日、21日升级为Ⅱ级、Ⅰ级防汛应急响应。

空气中弥漫着异常紧张的氛围，但做好提前筹备与防御的焦作黄河人，在迎汛中信心满满。

7月16日22时，河南焦作河务局启动防洪运行机制，水情组、工情组、通信保障组等上岗到位。局领导带领工作组分赴一线，协助各单位应对此次强降雨，督查防汛责任、防汛值守、物料准备、队伍状况、险工险段和防守措施。

与此同时，焦作河务局全面动员，深入查勘检查253公里黄沁河堤防，24小时不间断开展"一堤一滩一河"网格化巡查巡险；设置警示标志，引导群众增强安全防范意识，禁止进入险区；防汛抢险及迁安救护时刻待命，确保一旦发生险情，黄河滩区10万名群众、沁河溢滞洪区5.4万名群众第一时间安全转移。

工程除风险

暴雨来临前，焦作河务局就开始强化风险排查，对沁河险工、险段和涵闸风险隐患进行摸排，绘制风险图、标注风险点、制订防守方案、明确责任人，落实所需设备、料物，增强风险应对能力，扎实开展隐患整改。截至7月23日，累计排查隐患235项，已整改完成219项。

与此同时，焦作河务局派专人强化工程防守，加密巡查频次，及时修复雨毁工程，对易出险工程进行预加固，加固沁河涵闸围堰并提前封堵，消除安全隐患。

在巡查中，共调派了黄沁河群防队伍9万人，组织人员上堤开展巡堤查险，及时发现报告险情隐患，协助做好险情抢护和清滩工作。目前，沁河偎水堤段按照每公里配备64人，24小时不间断巡查。

服务强落实

目前，焦作市政府已投入158万元购置防汛物资支持黄沁河防汛，各县（市）政府补充防汛备石1.4万立方米，以社会企业代储模式落实防汛备石10万立方米。沿河各县（市）发布交通管制令，对进滩、上堤路口进行交通管制；在高效预警信息发布机制之下，全覆盖式发送防洪避险短信3 000余万条。

在保障人民生命财产安全的同时，焦作河务局开展专项督查时，对各个班组仓库备料的数量进行核实，确保发电机、机械设备正常开机，所有一线人员防汛装备到位。

坚守、巡查、抢险……暴雨中涌现出无数"乘风破浪"的焦作黄河人，他们披上"雨衣战袍"，成为风雨中城市和人民的坚实守护者。

（2021年7月26日　中国水利网站）

风雨砺初心　联手筑磐堤

——温县河务局迎战沁河大洪水工作纪实

◎成素霞

天上暴雨如注，地上众志成城。7月11~23日，连续强降雨，11日15时54分丹河山路坪站出现洪峰流量1 170立方米每秒，为1957年以来最大流量，沁河下游武陟站23日3时12分出现1 510立方米每秒的最大流量，超过该站警戒水位0.34米。接到预警后，温县河务局严阵以待、联动防御、众志成城，使这场洪峰流量顺利平稳度过温县。温县无恙！

回望这惊心动魄的14天336个小时，值得我们记住的还有更多。从源头上防范化解重大安全风险，真正把问题解决在萌芽之时，成灾之前。习近平总书记的殷殷嘱托，在这场暴雨洪水中转化成脚踏实地的行动。

前线指挥部：打通预报预警决策"最后一公里"

"汛情预报预警+信息高效传递+及时会商研判。"7月11日，接到气象和水文部门预警信息后，温县河务局第一时间上报所辖地方行政首长，并对迎战本次上游来水科学做出预判。河务与地方政府紧急成立沁河现场指挥部，常务副县长坐镇指挥，一名副县长亲自担任沁河防汛工作组组长，针对所辖工程分别设立了亢村、新村、善台、吴卜村4个险工工作小组。

县级领导下沉分包防汛责任段一线督导，县领导、河务、应急、乡镇合属堤防上办公，共同协商解决应对措施。从防指成员单位职责分工到县乡村三级群防队伍集结、从上堤交通道路设卡到组织滩区耕种群众撤离。100米一驻点、50米一设防守、14处上堤劝返点、13名专业技术人员编入群防队伍，组织协调710余名群防队伍24小时以巡带训开展巡堤查险。各组相互协同配合，各负其责，形成工作闭环，连点成线，凝神聚力，增加了温县沁河防大汛、救大灾、抢大险提质的落实力、执行力、穿透力，打通预报预警决策"最后一公里"。

精细布控风险点：从最坏处准备，向最好处努力

温县沁河大堤上有两座涵闸，涵闸的防守成为温县沁河防汛的关键防控风险点。其中亢村闸，位于温县沁河右岸大堤桩号34+975，兴建于1958年改建于2017年，背河涉及淹没农田15万亩。新村闸位于温县沁河右岸大堤桩号41+704，兴建于1966年改建于2016年，常年未使用，闸门一旦受洪水威胁沦陷，洪水将一泻千里，倒灌整个温县县城，41.9万人口，462平方公里土地将全部受灾。

"从最坏处准备，向最好处努力。"面对严峻的防洪形势，温县河务局组织专业技术人员对亢村闸和新村闸进行了精细防控，做到一闸一方案。亢村闸以保证闸板临背河水压平衡为主要抢护措施，7月20日温县河务局与地方水利局相结合，对亢村闸背河主渠道600米处用沙袋进行围堵拦截，促使闸门渗水在此处进行拦蓄，从而起到减少闸门临背河水位高差目的，有效化解闸门因压力过大，导致漏水裂缝的出现。新村闸由于常年未使用，在应对此次大洪水期间，温县河务局提前在闸前翼墙两端修筑4米高挡水围堰。7月22日，组织抢险队员连续装运沙袋将围堰后方的闸门、闸室、闸板进行二次封堵，使新村闸实现双重防控。

工程防控的同时，两处涵闸分别指定150名群防队员进行24小时防守，机械、物资、抢险人员集结待命、随时准备抢护。实践证明：从最坏的基础设想，以最坏的可能性来部署，向最好的结果努力，才有本次温县沁河亢村闸、新村闸在迎战多次洪水流量时安然无恙。

架设绿色通道：让送"粮"一线跑出"加速度"

抢险料物的及时有序供应是打赢本次大洪水攻坚战的重要保障。自入汛以来，温县河务局物资供应随时处于紧急待命状态。7月11日，温县境内出现强降雨天气，沁河水位持续上涨，温县河务局克服沁河没有防汛物

资仓库的困难，紧急从大玉兰调运铅丝网片、编织袋等防汛物资，第一时间送"粮"到一线。7月19日，洪水水位持续上涨，晚上23时至凌晨4时，二次防汛调度物资准时运达，并分放在各险工、险段。

与此同时，温县沁河沿线村庄还设置4个取土场、23辆机械设备准备就绪，随时待命。交通局在大玉兰防汛仓库集结12辆运输车配合调运各类防汛物资。交警部门在重点运输路段设置防汛专用绿色通道，促使各类防汛物资第一时间安全抵达。

党建引领聚合力：用行动书写"人民至上、生命至上"

"回顾本次沁河大洪水发展和应对的全过程，我们深刻体会到，坚持党的领导、加强党的建设是取得全面胜利的重要保障。"温县河务局党支部书记深有感触。全局广大党员干部，用责任和担当肩负起温县黄沁河防汛减灾的重大政治任务，党员领导干部带头战斗在防汛抢险工作最前沿。在温县沁河大堤上，随处可见迎风飘扬的党旗，在抢险一线、在乡镇驻守点、在各上堤路卡口，他们用不同的分工书写着同样的名字"中国共产党"，他犹如一束光照亮广大党员干部为了"人民生命财产安全"不惧风雨、砥砺前行。

迎战大洪水期间，温县河务局在做好自身黄沁河防汛工作的同时，尽己之力，点亮微光，先后支援完成了丹河、南水北调温县段、温县新蟒河、沁阳马铺险工等地险情抢护，让洪水中没有"孤岛"，让温暖传递。用实际行动和专业精神诠释了"人民至上、生命至上"的人间大爱，奏响了风雨砺初心、联手筑磐堤的新时代水利乐章。

（2021年8月2日　中国水利网站）

严防死守保安澜
党旗辉映大河安

——焦作河务局开展"党旗红　战洪水"
主题党日活动

◎马　妮

　　一面面鲜红的党旗飘扬在防汛要塞，一声声嘹亮的入党誓词响彻黄沁河岸……8月22日，焦作河务局党员干部在防汛一线开展"党旗红　战洪水"主题党日活动。

　　8月21日晚，焦作河务局对此次汛情会商研判之后，结合上级要求及该局当前防汛形势，号召市局机关及局属各单位85%干部下沉一线，组成多种形式的"党员突击队"，为一线巡堤查险工作提供坚实的技术力量和人员力量。

　　8月22日上午，焦作河务局100多名党员干部及各部门业务骨干在机关集合奔赴一线各个防御点。在防汛一线，班子成员、中层干部、党员骨干组成了"党员先锋队"，主动承担值班值守任务，"险情来了我先上，任务当前我来扛，同事累了我顶替"。防汛业务骨干、机动抢险队员加大防洪工程巡坝查险，不分昼夜对重点地段进行巡查，及时上报水情工情等信息。水政监察队员、青年志愿者组建党员执法队伍，对堤防、河道内的群众进行劝离。广大党员干部连续坚守作战，以高度的自觉、强烈的担当、扎实的作风，筑起一堵堵捍卫滩区群众生命财产安全的"钢铁长城"。

　　7月中旬以来，沁河经历了罕见洪水，在抗洪抢险的主战场，防汛救灾的最关键时刻，广大党员充分发挥战斗堡垒和先锋模范作用，巡堤值守、查险处险，为守护人民生命安全、守护共同家园，践行着入党时的铮铮誓言，筑起一道坚实的防线，成为最美丽的耀眼红、暖心红。抗洪抢险是战场，也是考场，党员接受考验，也接受洗礼。新一轮降雨即将到来，防汛形势依然严峻，抗洪抢险尚未结束，更需要每一名共产党员全情投入，全力以赴。

通过开展防汛一线主题党日活动，进一步发挥了全局基层党组织的战斗堡垒作用和共产党员的先锋模范作用，坚定了广大党员干部群众抗击汛情的决心和信心。不管是坚守岗位30年的老黄河，还是初到工作岗位的新面孔，每位党员身体力行，积极争当抢险救灾"主力军"和"先锋队"，以过硬的政治担当、严明的政治纪律、扎实的工作作风在抢险一线践初心、现担当。严防死守保安澜，党旗辉映大河安。

（2021年8月23日　黄河网）

沁水之"解"
——焦作河务局全力防御沁河秋汛洪水记

◎记者　秦素娟　　通讯员　于　澜　杨保红

水涨河阔，雨密如织。

采访车疾驰在河南焦作沁河武陟段左岸堤防上，一侧似汪洋大海，一侧是村庄田畴。

沁河为黄河一级支流，在焦作境内长80公里。今年汛期，她一反常态，接连发生大洪水，武陟站洪峰流量一度达1500立方米每秒，9月27日更以2000立方米每秒"爆冷"。

面对严峻汛情，焦作黄河人如何为沁河解困、保沁河安澜？

下沉　扛起责任"跟我上"

在密集的雨中，我们来到沁河老龙湾险工。只见几个身穿雨衣和救生衣的身影，在清理堤肩排水沟、巡查坝岸。坝根上，一面党旗，在雨中显得颜色更为鲜亮。

"老龙湾段平均河宽约1.2公里，主河槽宽55~60米，在这次洪水中全部漫滩，最高洪水位高出滩面2.7米左右。"作为机关下沉领导，武陟第一河务局副局长耿金一对现场情况了如指掌。

"下沉"，是今年沁河防汛的关键词之一。

据了解，自7月10日以来，由于汛情接连不断，焦作河务局已启动5次全员岗位责任制。根据要求，焦作河务局机关、二级机构及下属武陟、沁阳、博爱、孟州、温县等河务局，还分别由领导班子成员带队，先后5次下沉一线，与工程管理班的同志一起，站在防汛抗洪最前沿。

在博爱河务局白马沟险工，博爱河务局副局长许发文告诉记者，焦作河务局共下沉博爱河务局7人，再加上所属单位机关下沉职工20多人，以致管理班住宿紧张，博爱河务局局长余骁便常在车里凑合着休息。后来，管理班腾出了后排的房屋，才彻底解决了住宿问题。

由于天气不好，9月28日17时，记者到达马铺险工时，天色已暗。在河边应急照明灯光下，沁阳河务局副局长孙大治的身影，愈发给人踏实的安全感。"我们局除了工会主席在单位坐镇，其他4个班子成员分为4班，每2小时一班，24小时不间断巡查。"

据统计，在本次沁河防汛抗洪工作中，焦作河务局机关及二级机构下沉一线86人，下属6个县级河务局机关下沉一线170人，共计256人。在此期间，该局领导干部始终靠前指挥、担当责任、践行使命，带领职工"跟我上"，用行动擦亮了党旗的颜色，展现了党的领导干部的风采。

坚守　誓以人民为中心

风雨无定，坚守如磐。

记者见到三阳管理班班长崔庆利时，他正在清理排水沟，雨水顺着雨衣往下淌。面对"从没遇过的这么大的洪水"，他带领管理班人员死守工程。安设在堤肩的帐篷里，除了铁锹、安全绳、观测记录本等，还有一张没有被褥的小床。他说："那不是睡觉用的，根本没时间睡，就是巡查累了坐一会儿，歇歇。"

水情一小时一报、半小时一报、18分钟一报……面对参加工作以来的最大洪水，王刚坚守在大小岩险工，腰系安全绳，身穿救生衣，趔趄着穿过湿滑的草地，去观测水位。有人问他怕不怕，他说："怕。不是怕水，是怕工程出险。"

"12时开始接班。""值6个小时。""不累。""家里有母亲。"……王贝贝和崔永国是白马沟险工的当班人员。刚才在河势观测中还一马当先的王贝贝，面对记者采访却手足无措。工作人员介绍，王贝贝是党员，家在15公里外的村子里，母亲患有癌症，是出嫁的姐姐在帮忙照顾，他已经好多天没回家了。听了这话，王贝贝眼中隐隐闪出泪光。

沁阳马铺河段为"S"形畸形河势，巡查防守任务十分艰巨；沁阳境内的伏背水尺又是沁河水头进入焦作地区的第一个水尺，首当其冲。沁阳河务局不仅部署了"重兵"防守，还在马铺险工提前储备各种料物，并自备、联系地方大型机械21台，枕戈待旦。

王占利是一名有着37年工龄的"老黄河"，这个汛期，他和儿子王晓泽一起守在温县沁河一线。他说："养兵千日，用兵一时。个人无论有什么困难都要克服，咱干的就是这个工作。"

洪水防御工作并没有为女同志"开绿灯"。在沁河新右堤新杨庄段，武陟第二河务局运行观测科科长张艳彬正指挥装载机、自卸车装运石头，运往朱原村险工进行预加固。奔涌的河水、轰鸣的机械、厚重的备防石，此情此景，不由让人想到"铿锵玫瑰"这个词。

在现场，记者还遇到很多守"沁"人——王雨，"黄三代"；申加加，"黄三代"；徐雷，"黄三代"……每一次对话，记者都深深感受到，有一种"以人民为中心"的信念，有一种"抗洪保安澜"的精神，有一种"传承弘扬"的行动，在沁河岸边汹涌澎湃、浩浩长流。

携行　河地联动保安澜

采访车穿雨行进，在堤防上看到最多的，是救生衣、迷彩服、党旗，还有一顶顶防汛帐篷。在重要险点险段，还可见多顶帐篷并肩而立。

"每20米有一个值守点。我们是一班4人，4班倒，24小时不停。"在武陟县木城街道东关村附近，走进一顶帐篷，村民张玉龙这样告诉记者。在沁阳市里王召乡仲贤村堤防上，工作人员吴国防说："乡里的男同志都下来了。"

技术指导、团结抗洪，是人力携行的重点。

1∶3——这是沁河防汛的人力要求，就是说，一名专业防汛人员带领3名群众防汛人员，共同开展巡坝、观测、抢护等工作。一处有3顶帐篷的，是河务部门、县防指、乡镇分别设立的。

记者来到大小岩险工时，看到专业队伍和群防队伍20多人集结于此。专业防汛人员康大奎说，因受大溜顶冲，为防范工程险情，他们组织了抛石加固。"一起巡查时，也给他们讲注意事项、技术要领等，这样可以充实防汛力量、加强河地融合。"

对此，沁阳河务局机动抢险队队长张雨露有更深的体会。在沁阳市逍遥石河水北关段抢险时，他带领专业抢险人员前去支援。"刚开始，群众技术不行，通过指导，抢险速度很快就上来了。我们还采用了加大型柳石枕，直径1人多高，中间包裹着石头，想着人力根本推不动，但那天人多力量大，硬是推下去了。"

人力携行，物资也要携行。

采访中，记者注意到，堤肩或背河不时有土牛出现。耿金一说："出险一般是在雨天，路面泥泞松软，机械下不去，无法装运，就预先备了土料，一旦需要，可以就地取材。涵闸是防护的重点，还要求地方为每个涵闸配备了3台大型机械，以备不时之需。"

记者还特意去了博爱河务局白马沟防汛物资仓库，只见抢险照明车、发电机组、麻料、吨袋、铅丝等摆放齐整，库存物资和常用工器具达26种。该局副局长许发文说："除了我们自己备料，还实行了社会化备料，和群防队伍一起，都是汛前就进行了落实。"

根据焦作河务局提供的数据，为应对沁河洪水，焦作市共落实群防队伍10 258人，加上河务部门人员，共计10 670人。

沧海横流，方显英雄本色；时事磨砺，更知人民伟力。

经过艰苦奋战，到9月29日10时，记者结束采访之际，沁河温县段河水已经归槽，两岸滩地露出水面；石荆桥处水位下降约1.5米；杨庄改道新右堤河段水位下降近1米。武陟站流量已降至801立方米每秒，工程运行平稳。

天已晴，水在退，堤肩行道树栾树高擎红色花朵，整洁的堤防道路为我们铺开了回程大道。一路上，记者在想，何为"沁"？"沁"，便是以心守水！这也正是破解沁水之困、实现沁河安澜、保障人民安居的根本所在，是沁河守护人用行动做出的最好注解，同样也是4万黄河铁军勇士发自心底对母亲河的郑重承诺！

（2021年9月30日　黄河报/网）

枕戈待旦 不负使命
——焦作黄河河务局全力迎战沁河洪峰

◎杨保红

受新一轮降雨和河口村水库泄洪影响，沁河下游迎来新一轮洪水过程，焦作黄河河务局9月26日再次启动全员岗位责任制，全力迎战沁河洪水。

河口村水库从9月26日15时起按1500立方米每秒下泄，9月27日16时，武陟水文站流量2000立方米每秒，再次刷新1982年以来沁河洪峰纪录。焦作黄河河务局于9月26日13时启动全员岗位责任制，局班子成员下沉一线，各职能组人员上岗到位，密切关注水雨情变化，加强值守，及时处置突发事件。焦作沿沁河4县（市）全力做好路口管控、清滩群众劝离、巡堤查险、河势水位观测等工作，确保工程安全和人员安全。全面推行"三长三班六有"群防队伍防守工作机制，防汛任务明确到防线长、段长（片长）、组长，并将责任细分县乡村三级责任；实行24小时三班轮换值守；确保自身防护有保障、及时清滩有措施、巡堤查险有实效、应急救援有工具、防洪抢险有机械、现场指挥有标识。

（2021年9月27日 中国水利网站）

一个防汛新兵的"学徒笔记"

◎郑方圆 王 浩 白常轩

受降雨和河口村水库泄洪影响，沁河下游面临洪水过程，9月26日，焦作河务局第六次启动全员岗位责任制，9月28日，机关60多名职工奔赴大玉兰、马铺、白马沟等班组一线。笔者作为在机关办公室工作6年的宣传老兵，初次在风雨交加、浊浪滚滚的沁河一线成为防汛新兵，开启了边学边练的"学徒"生涯，向一线职工拜师学艺，作答水尺观测、巡坝查险、雨毁修复等防汛试题……

课程名称：巡堤查险　任课教师：申加加

位于沁河的博爱白马沟班组，负责沁左33+800—44+800的工程维修养护和巡查工作，白马沟险工是7月11日沁河强降雨洪水的防御重点位置。一到班组，笔者刚卸下行装，就接过救生衣、红袖标跟随班长申加加一行开始沿巡坝查险，观测河势水情。

巡堤查险（李阿杰/摄）

水尺观测（王浩/摄）

第一课时：巡查，4小时。在白马沟险工，沁河水水位逼近堤脚，班长带领3个职工和5名群防队伍开始拉网式巡查，1人走临河堤内水边，用探水杆探摸根石情况；一人走堤坡和堤顶，手拿救生绳拴住探摸人员腰部，防止水边人员出现跌倒的安全事故；5人走背水堤坡，查看有无渗水和管涌险情。据班长介绍，"目前堤防巡查分三班次进行，24小时轮班巡查值守，每8小时巡查一次，巡查全程1公里。堤防巡查时重要的是细心和专注，很多隐患不是在明处，要学会同时用眼、用脚、用耳，渗漏的水温、土石的虚实、异常的声响都是重点。"经过班长的现场授课，笔者发现，草坡平顺、面貌整体的堤防下还有这么多学问，顿时对栉风沐雨的一线职工心生敬意。

如果说白天的巡查考验的是职工的体力和耐力，夜间巡查这一课又出了要求经验和综合判断的加试题，有经验的职工往往通过水位可以估测流量，对堤防整体情况和出险历史的掌握让他们在巡查时更有重点，加强对易出险和偎水堤段的检查频次，做到心中有数，纸上有痕。

课程名称：劝离上堤群众　任课教师：许发文

第二课时：劝离，2小时。9月24日博爱县防指下达指令启动交通管制，要求沿沁各乡镇做好清滩工作、群防队伍驻守一线，沿河村庄的乡镇干部在堤防交界处、上堤路口设立防汛值守点，在河务部门与地方政府、交通部门的密切配合下，河口村水库大流量下泄洪水时做到了滩区无人、无群众上堤。

随着雨后天气放晴，上游来水减弱，西王贺村的村民开始时不时地走上堤防，心里挂念着还没有收完就被泡在水里的庄稼。我们刚刚劝离一位开着三轮车准备去收玉米的妇女，又发现临河通向滩区的路上有一辆面包车正准备开过过水路段。大家快步上前，博爱河务局副局长许发文用一个老水政人的丰富经验给我们上了劝离群众的标准一课。"老乡，我们是博爱河务局水政巡查人员，近期上游水库正在下泄洪水，请不要靠近河道在此逗留，河道内水量大、流速快，很危险，生命安全高于一切，请你抓紧时间离开，谢谢配合！"事后，许局长专门提醒我们，和老百姓交流要有礼有节，以理服人，就是执法也讲究规则和礼貌，劝离要有力度、更要有温度。

课程名称：工程管理　任课教师：白常轩

第三课时：捡垃圾，3小时。10月1日清晨，已经在一线驻扎4天的我们跟随养护经理白常轩出门巡查，手里多了两样工具，垃圾夹和垃圾袋。清理堤防上的生活垃圾也是维修养护堤防的基础课程，这个课该是不用教不用学了，我们几个年轻人轻松上阵，走在师傅前面准备大干一场。饮料瓶、纸屑、丢弃的生活垃圾统统被我们收入囊中，本以为走在后边的师傅会口袋空空，但回头一看，他们把我们不易发现的烟蒂、枯死的树枝都捡了起来，对堤顶道路、堤肩和堤坡都拉网式地拾捡一遍。我们不仅汗颜，看来堤防的整洁、美观、坚固都是一丝一毫的细节慢慢筑牢的，工程管理无小事，捡垃圾也能创造新天地。

第四课时：修复雨毁工程，2小时。环顾堤防四周，白经理边走边向我们指出工程的雨毁情况，来到修复现场，我们看到工人们正在紧张有序地施工，观摩了水沟浪窝进行平垫的施工程序。通过和工人交谈，我们学习了回填方式、夯实过程等施工细节，通过及时地修复工程，有效地维护了工程面貌的完整，提高了工程的抗洪能力。雨过天晴的沁河大堤，国旗、党旗飘飘，一线职工正在用毫不松懈的坚守为国庆献礼。

据悉，焦作黄沁河流域将再次迎来一轮降雨过程，焦作市、县两级全体干部职工枕戈待旦、全力以赴，笔者这个防汛一线的新兵也将继续在防汛最前沿保持干劲、勤学苦练，为沿黄百姓答题，为伟大祖国护河。

（2021年10月3日　中国水利网站）

最美黄河人　坚守在一线

——焦作河务局80余名机关人员国庆节下沉黄沁河防汛一线

◎杨保红

　　10月1日，焦作河务局按全员岗位责任制要求，全体人员坚守工作岗位。下沉沿黄、沁河沿线的80多名市局机关人员坚守防汛一线，在岗位上度过一个不同寻常的国庆节。

　　在黄河进入焦作的第一处控导工程——孟州逯村控导工程，焦作河务局机关的3名女职工跟一线职工一起巡坝查险。（杨保红/摄）

3个女职工跟一线职工一起探测水深。（杨保红/摄）

在黄河、沁河交汇处的武陟花坡堤险工，抢险的紧张气氛在消散，焦作河务局下沉人员与抢险队员们奋战了一晚上，大都回去休息，只有少数几个人在继续加固堤坝。（杨保红/摄）

（2021年10月2日　中国水利网站）

守护在防汛一线的
"夫妻档""父子兵""娘子军"

◎徐 雷

　　受上游降雨影响，黄河流量持续增长，达到洪水编号标准，接连出现2021年第1、2、3号洪水过程；沁河武陟站出现2 000立方米每秒洪峰流量，为1982年以来最大洪水。

　　汛情就是命令、防汛就是责任。武陟第二河务局迅速启动全员岗位责任制，领导班子、中层以上干部及全体干部职工立即驻守防汛一线，全面落实班坝责任制、抢险技术责任制和领导包段责任制。在该局堤防工程防守一线，涌现出了一批"夫妻档""父子兵""娘子军"，他们以"舍小家，保大家"的精神，把牵挂与不舍藏在心底，以饱满的斗志冲锋在一线战场。无数个小家的付出，迎来了"大家"的安心和安好。

防汛"夫妻档"

　　雨情就是号角，汛情就是命令。在应对此次黄沁河秋汛防御工作中，郭超和张梦禹这对夫妻最近度过了一段不寻常的日子。他们并肩守护在防汛第一线，周围的同事们也被他们感染，亲切地称赞他们是防汛一线的"夫妻档"。

　　2006年参加工作的郭超，曾作为武陟第二河务局抢险队队长，多次参与黄河防汛工程重要险情抢护，被授予"全国技术能手"荣誉称号，有着较高的防汛抢险实战经验。"妻子今年第一次参与沁河防汛工作，虽然她也已经参加过黄河防汛工作，但是自身的实践经验还不够，我在一旁能够多少帮助她一点。"郭超告诉笔者。

"观测水尺的时候一定要注意安全，读数要准确无误，确保不出现任何问题。"郭超对妻子张梦禹不停地交代。自从启动防汛应急响应以来，张梦禹和郭超这对"夫妻档"就到了该局沁河堤防工程上，成了驻守在一线防汛队伍中的一员。

夫妻二人都上堤，孩子怎么办？谈及孩子，张梦禹眼泛泪花。

"守好家园，坚持到最后胜利，入党誓词不是说说而已，这种关键时候，就该履行承诺。"郭超、张梦禹夫妇表示，将始终牢记党员初心与使命，守卫家园安全。

其实，相较于妻子，郭超更加辛苦。他每日除了负责防汛值班值守，还要安排整个守堤工作，对群防队员进行常规培训指导，每天休息时间超不过4小时。当出现突发状况时，他更是第一个往前上。

"我俩是夫妻亦是战友"。无论是日常生活，还是防汛一线，郭超和张梦禹夫妻俩用行动诠释了他们之间的别样浪漫，更彰显了作为党员夫妻的责任和担当。

上阵"父子兵"

在该局驾部控导工程管理班，50岁的苗茂树和他的儿子苗会计并肩守护在防汛第一线，周围的同事们也被他们感染，亲切地称赞他们是防汛一线的"父子兵"。

1994年参加工作的苗茂树，经历了多次防汛抢险实战演练。"儿子已经参加治黄工作10余年，面对此次历时较久的洪水过程，他还是第一次遇到，实践经验还不够，我在一旁也能帮他一点。"苗茂树告诉笔者。

因连续奋战抗汛，他们身上的衣服干了又湿、湿了又干，身体疲劳已到极限，但他们从未叫苦喊累。"现在防汛当前，没有什么比防汛更重要的了，堤坝被浸泡的时间太长，巡查的时候一定要注意，认真一点。"苗茂树对儿子苗会计不停地交代。

自黄河秋汛防御工作启动后，苗会计就随父亲到了驾部控导工程上，指导群防队伍巡坝查险、坝体预加固、水尺观测、河势观测都是每天的常规工作，日常工作中，每天都能见到父子俩。

不懈的坚守，还有从未曾停下巡堤查险的坚实脚步，是心系群众的大爱胸怀。"守护大堤关系到很多人的生命安全，我家住在这里，守护这里也是守护我自己的家园，我们将以实际行动筑牢防汛安全线，切实保障人民群众生命财产安全！"苗茂树目光坚毅。

打虎亲兄弟，上阵父子兵。就这样，父与子、两代治黄人，一样冲锋在前的使命感，一样守卫家园的责任心，短短的防汛战线，肩负着防汛大任，守护一方平安。

铿锵"娘子军"

防汛一线，有"夫妻档""父子兵"，也有"娘子军"。在这些身影中，有一批"女汉子"，和男同志一样不分昼夜坚持在一线，冲锋在防汛第一线，战斗在最前沿，娇小的身影穿梭在堤防工程上，她们用吃苦耐劳的精神和冲锋在前的态度有力证明了：妇女能顶"半边天"。

"巡堤查险时，要严格佩戴救生衣、探水杆、救生圈、救生绳等装备……"10月12日，该局办公室女职工王艳红正在指导群防队员开展巡堤查险工作。连续高强度的工作让王艳红的嗓音变得嘶哑，说话都困难。"十几天了，一直好不了。"

翻看王艳红的手机，你就会知道她嗓子好不了的原因：每天进进出出几十个电话，微信语音、视频也是响个不停，机关内业资料整理、外业防汛工作一样未落下。

从接到防汛任务的第一时间，她便开始了此次的防汛征程。"柔肩担重担，危难显芳华。"一遍又一遍地巡堤查险，观测水尺，指导沿黄群防队伍填写上报巡查信息，王艳红一个人承担了多个人的工作量，用实际行动诠释了新时代治黄人的先锋本色。

问及多名女职工时，她们纷纷表示："我首先是一名党员，其次才是女性，保护群众生命财产安全是我的责任。"数天防汛值守，白天黑夜，她们都在默默坚守，孩子哭闹了，老人生病了，她们没有离开岗位，没有回家探望，黄河人的精神底色在这些女性身上展现得淋漓尽致。

她们用行动和坚持展现出巾帼不让须眉的风采，面对严峻的汛情，该局女职工们没有退缩、没有犹豫，站在大堤上，用自己的行动彰显出巾帼英雄的风采，以无言坚守谱写了一曲曲动人的巾帼赞歌。

在此次黄沁河秋汛防御一线，该局还有郭恒卓、王颖"夫妻档"，陶永德、陶令奇"父子兵"，张艳彬、王彩虹、宋琼等一批"娘子军"，他们关怀的是"小家"，守护的是"大家"。他们满满的是情，沉沉的是义，在"小家"与"大家"的火花碰撞下，迸发出一股刚柔并济的力量……

（2021年10月14日　中国水利网站）

沁阳河务局：拜师"学艺记"

◎孙大治　贾　超

"河流中流速最大、流动态势凶猛的就是主溜，你看那儿，正前方冲着坝头过来的就是主溜……"马铺险工低滩工程，一名50多岁的老职工正在给旁边一名中年汉子认真讲解着水情知识。

笔者经过询问了解，原来这位老职工不是别人，正是沁阳河务局抢险队老队长、技术专家——杜鹏生。

"杜队长不仅业务熟、经验多，别看他年纪大了，工作可是一点也不含糊，一干起来就啥也不顾上了……"一位曾和杜队长一块工作过的职工说道。

经了解，杜队长从事治河工作几十年了，大半辈子的光阴都奉献给了黄沁河，不仅积累了很多治河方面的"土经验""好办法"，也乐于"传帮带"，在"坝头"上经常能看到他给一些年轻的"治河人"讲经验、授方法。

杜队长从来不缺"徒弟"，这不，站在他旁边的那位"准弟子"，正是沁阳河务局副局长孙大治。

"杜队长，您当我的老师吧，把您那点绝活都教给我吧。"

说这话的人，正是那位"准弟子"，他今年刚40出头，是一名入职不久的县局班子成员，虽然说在电脑操作、公文写作、现代化办公、预案编制、专业理论等方面精通一些，但是在这些传统的查勘河势、巡堤查险、险情辨别、险情抢护等方面确实是短板一块。

"毕竟上班20多年没有经历过这么大的洪水，还望杜队长能多教我几招啊！"

"没问题，只要您愿意学，我就愿意教，咱们就先从最基本的巡堤查险开始吧……"

"河势观测也是一门技术活，这里面有很多的土经验，都是那些老职工、老黄河，也是我的师傅在实践中总结出来传授给我的，很实用，比如说迎溜角应该这么看……送溜角应该那么看……"

"杜队长，谢谢您，书本上的东西比较抽象，经您这样一指点，真是事半功倍啊！"

这一对"新师徒"站在坝头上高兴地交谈着，一个虚心请教，一个倾囊相授。

在今年超长的汛期中，这对师徒只是众多"师徒金搭档"中的一对。沁阳河务局从大局出发、从长远考虑、从青年干部职工成长考虑，鼓励年轻干部职工紧紧抓住这次汛期实战难得的机会，主动到一线去、到最艰苦的环境中去锻炼锤打自己，同时，积极组织开展"以老带新""传承技艺"等活动。通过这样的"以战代训"，磨炼了年轻干部职工的意志、增强了心理素质、提升了传统技能、丰富了治河经验，让他们在复杂的环境中能够尽快适应、快速成长。

突发事件的应对、通宵的巡堤查险、紧急险情的抢护……通过这一个个真实的场面，沁阳河务局干部职工在实战中积累了丰富经验、传承了黄河精神、获得了快速成长。今后的路虽然还很长，但是有老职工的"诲人不倦"、新职工的"好学肯思"、全局上下的"团结协作"，未来，当再次遇到这样罕见的大洪水时，这些"新兵们"必然能够做到"胸有成竹、运筹帷幄、心中不乱，手中不慌"，定能决战决胜洪峰、守护沁河安澜、守护百姓平安。

（2021 年 10 月 14 日　中国水利网站）

沁阳河务局：
"红色长堤"何惧风雨

◎贾　超　杨芳芳

有一种力量，不惧风雨，有一种精神，穿透时空，有一种使命，无上光荣……

唯其艰难，方显勇毅。2021年，1982年以来的大流量洪峰席卷怀川大地，河务部门闻"汛"而动，群防队伍精诚团结，涵闸边、堤坝上、风雨里、泥水中……一座座堡垒、一面面党旗、一枚枚党徽交相辉映，53公里的沁河长堤显得格外"鲜红"。

党支部：坚强的"战斗堡垒"

"作为一名共产党员，又是防汛物资保障组负责人，我将发挥党员先锋模范带头作用，带领全体物资供应组成员，为此次秋汛决战做好物资保障工作。"焦作黄河河务局决战秋汛第五临时党支部马铺党小组组长韩鹏同志激动地说着。

10月5日上午，焦作黄河河务局决战秋汛第五临时党支部在沁阳河务局马铺险工低滩工程举行授旗仪式。

据悉，焦作黄河河务局第五临时党支部分为马铺、水南关和王曲三个党小组，成员由焦作黄河河务局下沉一线党员和沁阳河务局驻守一线党员组成，覆盖全部参与一线的防汛党员。

在党支部的号召引领下，巡堤查险、值班值守、物资保障、宣传报道等党员示范岗相继设立，细化责任、明确分工。党支部以党小组为单位，第一时间传达学习巡堤查险"五不准""五必须""防汛明白卡"安全上岗须知等相关通知精神，安排布置巡险查险任务，为"战洪水、保安澜"提供了坚强的组织保障。

党旗：铿锵的"战斗誓言"

8月21日，沁阳沁河大堤：乌云密布、狂风席卷、山雨欲来。几名抢险队员结对正在巡堤查险，市局、县局下沉一线人员正在紧张开展着各自的工作，气氛格外紧张。就在此时，眼前的一幕让大家瞬间坚定了信心、充满了力量、鼓足了拼劲：一面鲜红的党旗迎风飘扬，当晚，抢险预置、物资储备、后勤供给等各项工作紧张而有序地开展着。

一面面党旗，就是希望与信念的象征。10月1日，焦作黄河河务局下沉人员、沁阳河务局干部职工面对党旗庄严宣誓："在洪水防御大战大考中践行初心使命，发扬不怕疲劳、连续奋战精神，恪尽职守、勇于担当……誓保沁河安澜度汛。"

10月1日上午，马铺低滩工程：沁阳河务局举办"迎国庆、战洪水、守纪律、保安澜"活动，焦作黄河河务局下沉人员和沁阳河务局干部职工正在进行抗洪抢险宣誓。（陈一帆/摄）

党员：冲在最前的"战斗楷模"

沁阳河务局抢险队长张雨露风里雨里冲锋在前，每一次抢险现场从未缺席；老抢险队长杜鹏生战在一线，用"传帮带"培养防汛后来人；朱命龙刚入职，就主动前往一线，"7·11"洪水以来每一次的物资保障战线上都有他的身影；杨萌等很多的党员干部，他们在后方密切关注着水情、雨情、工情、河势变化，汛期紧急关头，整宿整宿不合眼也是常态；市局机关下沉人员中，解鑫等几名女同志主动请战，防守堤坝、巡堤查险，再苦再累也不言退，"这个时候，党员不上谁上！"就是她们最真实的想法和行动。

地方群防队伍中，党员干部冲锋在前，沁河大堤上，无论白天，还是黑夜，简易的帐篷、临时的行军床、现成的备防石，就是他们休息的场所……

马铺、尚香、王曲各处险工险段……一面面党旗迎风飘扬，堤坝、涵闸、护岸……一名名抢险队员、巡查人员穿着救生衣、红马甲、一名名志愿者一袭鲜艳"红"，汇聚成了沁河防汛的磅礴力量，描绘出了这个秋季，沁河最美的风景！

7月22日，水北关抢险刚刚结束，沁阳河务局抢险队长张雨露和7名抢险队员在抢险现场合影。（田毛毛/摄）

（2021年10月22日　中国水利网站）

孟州河务局：
大堤上的博士巡河队

◎ 文图/侯晓蕊

9月27日以来，黄河下游持续大流量洪水过程，秋汛防御形势严峻复杂。孟州河务局严格按照上级党组的要求，加大巡坝查险工作力度，不分昼夜，严防死守。本级机关除了防办和办公室有关人员，其余全部到一线参与巡坝查险。10月8日，孟州黄河逯村控导工程迎来一批特殊的巡河人，他们是黄河勘测规划设计研究院有限公司下沉一线参加防御工作的"90后"。

他们到达一线班组时已经是晚上7时左右，其中一个带队的，个头少说也得在一米八以上，一下车就非常认真地说："你好，我们是黄委设计院的，前来报到参加一线的巡坝工作。"班里值守的带班领导，迎上前说："热烈欢迎你们的到来，非常感谢你们的帮助，放下行李，食堂给你们留有饭菜，吃完饭我们再说工作！"

就这样，5个小伙子就开始了一线逯村工程班的工作生活……

第二天，经过岗前培训，5个小伙子身穿救生衣，手拿铁锹、脚穿雨靴，按照要求带领群防队员开始巡坝查险。如果不去攀谈了解，一线的职工哪里会知道这5名巡堤人都是博士后，全都是党员，都是"90后"。

"汛情就是命令，作为党员要第一个冲上去，更何况这次黄河罕见的秋汛，对我们来说也是一次难得的学习实践机会。"

连日来，在黄河逯村控导工程，只见他们带领群防队员在工程坝岸仔细查看，坚持每1小时巡查一遍，刚开始安排班组老职工，以查代培，巡查时他们不停地详细询问，谦虚有礼，让班组的老职工一下子就爱上了这群高学历的年轻人，仅一天时间，就可以独当一面，巡查过程中：责任段的范围？哪些堤段哪些部位需要重点防守？工程的河势情况，巡查过程中坝岸有哪些薄弱部位？每天的流量情况，各种险情的特征……这些都要提前掌握。他们将风险点、发现的问题一一记录，仔细做好交接班登记，并给出对应举措，提醒下一班人员重点关注。

用班组职工的话：没想到这帮"90后"，不仅学历高，而且接地气，最重要的是态度诚恳，工作踏实，他们把平时做研究的精神也带到了堤坝上，刚开始还不放心他们巡堤呢，班长还时不时到重要防守段去"问候"，这认真的劲真值得我们学习！

博士们除了巡堤，本职工作也不能拉下，每天晚上回来，他们要总结还要给他们单位汇报一天的工作生活。他们很珍惜一线的锻炼机会，在逯村班总有这样的场景，交接班回来的几个小伙子，吃过饭，顾不上休息，勤快的小李就找到班长："于班长，有什么活，尽管给我们安排。"小姜、小袁、小裴还有带队的小常，都围上来附和到："是呀！班长我们这次来就是要纳入班里统一管理，有什么事情一定要安排我们！"

这群"90后"的博士后把一丝不苟的科研精神带到了堤上，他们用实际行动践行"两个维护"，为打好这场秋汛防御硬仗贡献力量！

（2021年10月23日　黄河网）

党旗飞扬战一线
勠力同心保安澜

——孟州河务局防御黄河秋汛洪水侧记

◎罗风少

近期，受持续强降雨和上游大流量来水影响，孟州黄河防洪工程遭到大流量洪水长时间冲刷已经 15 天，根据中游来水及水库调度情况，未来大流量过程还将持续，防洪工程面临最严峻考验，为保障人民群众生命财产安全，该局党组以防为主，积极应对，充分发挥基层党组织的战斗堡垒作用和党员的先锋模范作用，全力以赴确保孟州黄河安全度汛。

驻扎一线勤会商

据悉，自 9 月 27 日晚河南河务局防汛紧急会商会议之后，该局党组成员根据班坝责任制分工全部驻扎一线，每天坚持 24 小时在岗在位，与一线职工同吃同住同防汛，并每天与一线班组长和值守中层召开防汛会商会，及时传达上级党组的防汛工作要求，研判防汛形势，根据防汛工作需要第一时间调整人员，调配设备和物料，严格落实各项防汛工作责任制，执行各项调度指令，毫不松懈地抓好"四预"措施，为防汛工作顺利高效运转提供了保障。

建强组织筑堡垒

基层党组织是战斗的堡垒，该局深刻认识到这一点，积极与上级党组沟通协调，根据下沉人员和机关驻扎一线 35 名党员，按照有利于开展工作的原则，在防汛一线成立焦作黄河河务局决战秋汛第四临时党支部，设立 3 个临时党小组，定期在防汛一线开展重温入党誓词等主题党日活动，党支部和党小组及时学习研讨上级防汛要求，积极出谋划策，以党组织建设强思想、促防汛、保安澜。

党员带头强士气

"防汛一线，我是党员我先上"一行醒目的大字出现在孟州黄河岸边每一名党员的胸前。

"下去太危险了，你在这里我下去！"开仪23坝除险加固现场，党员李海超说道。

"凌晨2~8时的巡坝查险班天冷难熬，我们党员来值守。"逯村班值班室马志伟、周利峰、杨治义、岳瑞琳等几名党员走上前说道。

"我去！"一听到晚上要通宵在坝上装灯架线，党员行红磊自告奋勇说道。

……

每当遇到紧急工作需要加班，每当有了困难需要解决，每当出现危险情况需要处理，总会看到身上带着"防汛一线，我是党员我先上"标志的人员冲锋在前，站在最前沿，在他们的影响带动下，困难迎刃而解，危险

李海超在开仪23坝非裹护段除险加固（张何东/摄）

迅速解除，这就是党员的力量，是孟州治黄人无声的担当。

齐心协力保安澜

"郑昊，你怎么来了，不是让你去陪从河北赶来看你的父母吗？""没事科长，我能去，现在防汛形势这么严峻，大家都在坚守，我也不能落下。"说着郑昊就坐到了去工地的车上。

"你今天能回来吗？孩子有些不舒服，一直哭着找妈妈。""回不去啊现在，你哄哄他，我现在有事先挂了。"挂断电话，吴亚敏向一个出险坝疾步走去。

"邱主任，昨天一夜没休息，赶紧回去休息一下吧。"

"没事，没事，岳局长，我再看一遍，看有错的没，您先去休息一下吧。"10月11日6时，为了尽快按照上级要求把人员调整到位，防办和一线班组连夜调整值班表。

......

孟州黄河岸边党旗飞舞飘扬，一排排应急帐篷沿坝林立，自卸车满载停靠，挖掘机随时待命，河边虽没有了往日游人的嬉闹，却多了胳膊上戴着"孟黄巡查"红袖标的人员在坝上来回穿梭，多了"我是党员我先上"的不停争抢。一到晚上黄河岸边灯火通明，整个孟州黄河岸出现了罕有的通宵热闹景象。巡查人员身上的反光条在灯光的照耀下发出的光芒安抚着每一个沿岸人民，让他们安然入眠。

此时笔者不由得想起了一句话，"哪有什么岁月静好，不过是有人替你负重前行。"但我在孟州治黄人身上没有看到负重的累，而看到了斗志昂扬的坚守。相信在该局党组的正确领导下，在党员干部的积极带动下，在全体干部职工共同努力下，孟州黄河定能安全度汛，实现他们"山河无恙，我方心安"的家国情怀。

（2021年10月15日　中国水利网站）

为了大河长安澜
——焦作华龙公司防汛党员突击队抗击洪水侧记
◎马红梅

2021年夏，洪水肆虐，丹河、沁河告急；入秋以来，浊浪滔天，黄河、沁河吃紧。3个月来，连续100多天的奋战，河南焦作河务局举全局之力，尽锐出击。其中，有一支27人的精锐力量，逆行而上，义无反顾地投身抗洪抢险一线，他们就是焦作黄河华龙工程有限公司（简称华龙公司）防汛党员突击队。

闻"汛"而动　闻令而行

7月中旬，焦作遭遇强降雨天气，市内部分地区不同程度出现内涝积水、河渠溢流、塌方塌陷等情况。期间，博爱河务局辖区沁河支流丹河出现1 170立方米每秒洪峰流量，为1957年以来最大流量。

关键时刻站出来，危难之际显身手。华龙公司时刻关注沁河水势，关心牵挂兄弟单位，当得知博爱河务局需要人员增援时，该公司党支部立即驰援，一支由高级技师、工程师、技术骨干组成的防汛党员突击队迅速整队，并于7月21日到达博爱河务局白马沟班组，与该局职工齐心协力、众志成城，奋战10余天，守住了沁河安澜。

8月下旬，暴雨、局部大暴雨再次袭来，8月21日12时，黄委启动黄河中下游水旱灾害防御Ⅲ级应急响应，同日13时，焦作市防汛抗旱指挥部启动防汛Ⅱ级应急响应。22日7时许，华龙公司防汛党员突击队再次集结，由该公司党支部书记、董事长刘晓寒带队赶赴武陟沁河堤防，与老龙湾、大樊、东关险工等班组防汛人员一起冒雨奔走于巡堤查险的第一线，又一次取得了抗洪抢险的胜利。

9月27日15时24分，沁河武陟站迎来2 000立方米每秒洪峰流量，再次刷新1982年以来沁河的洪峰记录。同日，黄河相继形成2021年第1号洪水、第2号洪水。28日凌晨2时，华龙公司按照焦作河务局防汛紧急会议统一部署，全面动员，从主动请缨参战的人员名单中，挑选出防汛经验丰富的老专家、党员先锋标杆和青年技术骨干，火速成立防汛党员突击队，紧急备好雨衣、雨靴等物资，以最快时间支援武陟第一河务局老田庵控导工程；奋力抗洪抢险，矢志保卫沁河大堤。

"兄弟同心，其利断金。面临60年来罕见的沁河洪水，与河务兄弟单位携手应对挑战，确保沁河安澜，是历史赋予我们的责任。"刘晓寒说。

党旗指引　党徽闪耀

党旗指引战旗扬，听党指挥斗志强。突击队每次执行防汛任务前，刘晓寒都会做战前动员，要求全体队员提高政治站位，立足防大汛、抢大险、抗大洪、救大灾，严守防汛纪律，坚守巡查岗位，时刻绷紧防灾减灾救灾之弦，全力以赴保障沁河安澜。

王重喜，华龙公司副总工，中共党员。在驰援博爱防汛抗洪期间，他在风雨中守初心、洪水里践使命，与队员一起认真听从博爱河务局统一指挥，成为防汛抗洪中的"搏击者""先锋者"。为确保水位观测和堤防险情报送的准确性，他身先士卒、靠前指挥，凭借多年来的施工经验和防汛抢险业务知识，冒雨带领团队对沁河堤防进行加密巡查，对水沟浪窝形成及处置、沿子石破坏、备防石坍塌等情况开展现场教学，对救生衣、救生绳、救生圈的使用及观测水位注意事项和安全隐患进行灵活讲述，带领队员完成了3 000余条巡堤查险报告和300余次沁河水位观测任务。由于个人典型事迹突出、感人，10月中旬，他被河南河务局评选为抗洪抢险救灾"身边好人"先进个人。

张良，华龙公司行政办公室副主任，中共党员。在这次武陟第一河务局老田庵控导工程秋汛防御战斗中，他既是一线急先锋，又是后勤保障员，还兼宣传指战员。身兼数职的他顶风冒雨、不畏艰险巡堤查险，做好信息报送、人员值守安排及后勤保障服务的同时，还兼顾防汛一线宣传工作。在该公司防汛党员突击队微信群中有这样一张照片：照片中的张良一只脚踩在装载机翻斗上，双手熟练填装着铅丝笼，虽然累得汗流浃背，胳膊上还有划伤的血印子，但他面带微笑，丝毫不以为苦。作为队员中的"后浪"，张良不分昼夜连续奋战，为突击队各项工作正常开展提供了有力保障。

在党员防汛突击队中，还有家中老母亲久病缠身需照顾的王书宁；有孩子发烧仍留守堤防的李文斌；无暇照顾刚做了大手术妻子的田靖奇；有刚从海南工地回来，顾不上回家陪伴妻儿的张培宇；有每天双线作战，既高强度指挥一线防汛工作，又抽空高效处理公司经营业务的副总经理林涛……他们不讲条件、不计回报，钢铁般的誓言在坝岸间回荡，每当防汛号角吹响，有党员冲锋在前，全体干部职工众志成城，华龙公司就有战胜洪水的底气。

截至10月20日15时，黄河潼关站实时流量为1 770立方米每秒，沁河武陟站为342立方米每秒，黄沁河流量正逐步回落。然而，对华龙公司党员防汛突击队来说，"洪水不退，我不退"，他们会一直坚守在堤防控导工程；"冲锋在前，我示范"，他们会一直擎旗向党，让群众放心，守卫大河岁岁安澜。

（2021年10月21日　《黄河报》）

我的堤坝我的家
倾尽全力保护她

——焦作黄河养护公司决战秋汛纪实

◎李小芳

7月的怀川大地，经历了暴雨的侵袭；9月下旬，绵延不断的秋雨又接踵而至。2021年汛期以来，防汛工作就异常严峻；秋汛，更是来势汹汹！面对秋汛"大考"，焦作黄河养护人用责任与担当，连续经受住一次次严峻的考验；用真心与付出，谱写对黄河母亲爱的箴言；用智慧与辛劳，交出让人民满意的答卷。

全员齐上阵　风雨显担当

"刚开完防汛会商会，明天一早下沉武陟二局，进行巡堤查险，家里有困难可以说！"

"没问题，坚决执行！"

"好的，坚决执行市局统一部署。"

9月28日凌晨2时，一阵阵清脆的铃声打破了夜的静寂，对于承担防汛任务的养护公司人员来说，这样的电话一点也不突然，这已是今年第二次深夜接到下沉的防汛指令了。

今年防汛工作严峻。9月27日，黄河已接连形成了1号、2号编号洪水，沁河武陟站2 000立方米每秒的流量更是刷新了1982年以来的洪峰流量记录，防汛已成为工作的重中之重。

谁都知道，此次下沉的养护职工中女同志的爱人大多在外地工作，平时都是工作家庭一肩挑，"夫妻档"的黄河职工们更是需要齐上阵。此刻，他们只有共同的责任——"忧大河有恙，护大河安澜"。

闻令勇冲锋　逆向亦同行

汛情就是命令，防汛就是责任，养护公司董事长杨向阳同志将办公室设在一线，防汛与业务同步并进。一边站好防汛责任岗，带领群防队员巡坝查险，一边研究公司事宜，深夜签下业务合同，一副老花镜，一支笔，书写着他的责任和担当，诠释了他的使命和奉献。

"巡堤查险时，一定要注意随行人员相互照应，正确穿救生衣，确保人身安全""明天降温，请大家注意自我保护"……工作之余，杨向阳都会通过钉钉工作群把这样的问候传给每一名职工，职工们责任心强，心底儿暖，凝心聚力筑起了"决战秋汛"的铁壁铜墙。

党员战一线　带动一大片

一名党员就是一面旗帜，在这场"决战"秋汛中，他们以一颗为党为民的炽热红心，抱着"洪水不退我不退，誓把堤坝当我家"的防汛信念，事事当先锋，处处作表率。养护公司工程技术部经理、焦作黄河河务局决战秋汛第二临时党支部副书记刘豫每天带领大家学习上级黄河防汛会议精神，每天早晚两总结，分析防汛形势，分配防汛任务，备足防汛设施，为全面打赢这场防秋汛硬仗注入了强大支撑。高级工程师王丞作战的地方是武陟二局花坡堤险工。长期的河水冲刷导致河势变化，他作为巡堤查险的专业人员，在发现部分根石走失后，及时上报险情、组织抢护、工程预加固，与抢险队员们一起共同奋战两个日夜。他因肩膀和脖颈晒掉了皮，每晚都疼得夜不能寐，同事调侃他说"你这是和大堤同甘共苦啊"，他"嘿嘿"一笑："我这点皮能换来大堤的无恙，赚了！"

职工筑防线　聚力挡一面

"我钟情于北阳班组。"

"我情定五车口。"

"我爱上了驾部控导!"

这看似闲暇之余同志们的玩笑话,实则是大家的心声,从初来乍到的懵懂茫然,到巡堤查险的专家能手,看河势、查险情、报水尺,写动态,能快速进行角色转变并投入工作,这个努力只有自己懂。"我现在没班,让我跟着你查看河势吧!"

"如果水在这里,水尺读数……对吗?"同志们虚心请教的场景随处可见。这里,无论领导还是职工,无论党员还是群众,在这里,大家都是一种人,那便是"身穿迷彩,马甲护身"的黄河卫士;在这里,大家坚守一个立场,那就是"护河安澜,佑民平安"的使命担当。

齐心共克艰　大河得安澜

"1982年大洪水时,沁河水基本与堤顶齐平,村里人都不敢睡觉,守在大堤,守住大堤,守住家……"

"那时候工程用石头靠大家一车一车从焦作北山推,天不亮就得出发……"石荆险工的群防队员们如是说,他们中有的人见证了1982年沁河那场洪水。

2021年10月的堤坝,这边挖掘机、装载机在轰鸣,黄河职工们守的大堤固若金汤,那边收割机、播种机在奔跑,种田人洋溢着丰收的喜悦。"有人看,有人干,大河安澜保民安",专门的巡堤查险队伍,专业的防汛抢险队员,"决战秋汛"胜利在望。

护大河安澜,佑人民幸福,是焦作黄河养护人的责任和使命,也是他们对这次"决战秋汛"大考的庄严承诺!

（2021年10月22日　中国水利网站）

我·"河"·你

——焦作河务局一线职工百日抗洪侧记

◎冯艳玲

我和你，心连心，共筑安全堤。

为梦想，为安澜，相会在这里。

一盏灯

我是一盏抢险照明灯，总在深夜里出行。我在你的手里，不仅是你前行安全的保障，还是你手中的武器，照向水面看河势，照向坝体看险情，照向大堤看隐患……

我是黄河的朗读者，我要把你们"坚守"的故事讲给大家听。

秋风萧瑟，洪波涌起。10月9日凌晨2时，驻守在武陟老田庵控导工程的侯保卫准时到岗，开启了新一天的巡堤查险工作。他的责任段是老田庵控导工程32坝—35坝，他将在2时到8时期间，带领3名群防队员，每1小时将这4道坝巡查一遍。

伴随着黄河水浪撞击河岸翻卷的声音，他们身穿救生衣、手持探水杆、腰系安全绳，一字排开，艰难行走在漆黑如墨的堤肩坝头……前面有一线光明映照，随着"笃笃笃"根石和探测杆发出的碰撞声，他们便可判定是否有隐患，是否有险情。

"你怕吗?"有人问他。

"怕。怕我们的堤防出险，怕有愧于人民的重托。"雨水虽然模糊了他们的视线，但是模糊不了他们的意志，一次又一次，一夜又一夜，他们用日复一日的坚守，守护着黄河安澜的第一道"关卡"。

9月26日，黄河秋汛再次袭击山阳大地。焦作河务局启动第6次全员岗位责任制和第2次"机关下沉一线"应急机制，市县两级迅速组建起一支683人的专业巡查队伍，在253公里黄沁河堤防上"排兵布阵"，驻扎坚守。

"姑娘，刚才培训的时候说的巡查'五时'啥意思？没记住啊。"

"老乡，五时就是黎明时、吃饭换班时、黑夜时、狂风暴雨时、落水时，这些时候人容易疏忽忙乱遗漏险情，咱们必须要提高警惕。我编了句顺口溜您试着记记，天黑刮风又下雨，落水巡查别犹豫，黎明吃饭换班要谨记。"

"你这一说，俺可记清楚了，一定配合好！"

这一幕发生在博爱白马沟险工，群防老乡口中的姑娘就是焦作河务局机关下沉人员郑方圆。

10月19日，郑方圆的"一线日志"已经记到了第25天，此时的她已经由一名"学徒"成长为"师傅"。

10月19日，是侯保卫在一线坚守，开展巡堤查险的第100天，也是焦作黄河人今年自迎战"7·11"沁河洪水以来连续战斗的第100天，大家都称这一天为"抗洪百日纪念日"。

一面旗

我是一面鲜红的党旗，骄傲地飘扬在抗洪抢险一线。抗洪抢险前线指挥部里有我，防洪工程抢险加固现场有我，巡堤查险的驻扎帐篷前有我……

人们都说，我指引了方向，散发着力量。我想说，我的骄傲来自于我身上的"中国红"。党员突击队、党员志愿队、临时党组织，各种红色的旗帜插在河岸坝头，红袖章、红党徽、红戎装，各种红色标志亮明在黄河人身上。百里长堤一片红，那便是信念的颜色。

我是黄河的朗读者，我要把你们"战斗"的故事讲给大家听。

10月17日，坚守在焦作河务局各个抗洪抢险一线的干部职工听到一个振奋人心的消息——水利部部长李国英在河南省检查黄河防汛工作，并慰问坚守在一线的干部职工。从9月26日以来，"人民至上、生命至上""不伤亡、不漫滩、不跑坝""防住为王"，这些字眼已经深深印刻在每个一线职工的心上。

10月17日晚9时，焦作河务局党组书记、局长李杲通过该局"1+6+16"视频会商系统，带领广大干部职工第一时间学习李国英部长检查黄河防汛讲话精神，并就李部长提出的下一步工作"六点要求"，细化为17项具体工作落实措施。

有一种战斗叫连续作战。10月12日，温县大玉兰控导工程一天之内出险3次，8时56分24坝出险，10时17分24坝再次出险，14时54分25坝又出险。

见到王铎时，已经是下午3时，他和其他抢险队员们正蹲在坝头吃饭。饭是班组配送的肉包子和鸡蛋西红柿汤。王铎，是温县河务局抢险队装载机操作手，1.8米的大个儿，举手投足中透着黄河人的果敢和坚毅。装载机就是他的阵地，驾驶室仅有1.2平方米，关上驾驶门，耳边只能听见轰隆隆的机器吼叫声，这里就变成了一个临时"孤岛"，而他在这个岗位上一干就是19年，被同事亲切地称为"孤岛尖兵"。前后不到5分钟，王铎和他的队友们便风卷残云般把这顿饭解决了，顾不上休整，继续上车，装抛铅丝石笼，把这些受到"创伤"的防洪工程再加固。

有一种浪漫叫并肩战斗。2006年参加工作的郭超，曾是武陟第二河务局抢险队队长，这些年积累了丰富的抢险经验，同时他也曾获得"全国技术能手"荣誉称号，而他的妻子张梦禹则是今年第一次参与防汛工作。但自从启动防汛应急响应以来，张梦禹和郭超这对"夫妻档"就成了驻守在一线防汛队伍中的一员。

"我俩是夫妻亦是战友，入党誓词不是说说而已，这种关键时候，就该履行承诺。"郭超张梦禹夫妇表示，将始终牢记党员的初心与使命，坚持战斗到抗洪抢险全面胜利的那一天。

焦作河务局在此次迎战黄河秋汛的关键时期，黄沁河每天出险平均都在20个以上，特别是10月10日，黄沁河一天之内出现大小险情42个。这

42个险情能够最快抢护的背后，是1 500余人倾其所能的全身心付出。

一棵柳

我是生长在黄河岸边的一棵红柳，我心上的风景就是身边的这条大河。往年，我独守在无人光顾的河岸，以淡然的心态审视着黄河的性情。今年，我守候在众人之中，看他们把自己站成一道"城墙"，我在风雨中向他们致敬和鼓掌。

我是黄河的朗读者，我要把你们"守护"的故事讲给大家听。

"雨衣比较滑，安全绳多打几个结。"博爱白马沟班组"80后"党员梁春杰一边自己在腰间系着安全绳，一边叮嘱着巡查的同志们。随后，他手持一根6米长的探测杆，尽最大努力把探测杆伸到水中。

"巡堤查险时，要严格做到'四到、五时、三清、三快'。"武陟第二河务局办公室下沉一线王艳红每天都要将这些专业知识无限循环地讲给群防队员听。连续高强度的工作，王艳红的嗓音变得嘶哑，说话都困难。

"什么？被堵在高速上过不来？能不能想想别的办法啊？"

"城里开门的都找了，没人会修这个大家伙。"

在沁阳马铺险工抢险工地，发挥巨大作用的抢险照明车出了故障，修理厂家的工程师被堵在了高速上，沁阳市内没有找到会维修的厂家。沁阳河务局司机马强听到这个消息，自告奋勇走上前来"我来试试吧"。

一个多小时后，抢险照明车恢复照明。"都是自己人，不说客气话，都是为了防汛工作嘛。"马强说完便又去执行其他任务了。

我是抢险照明的那盏灯，始终对你有几分的愧疚，因为你只要和我在一起，便不得不舍弃亲人来护河守堤。

我是抢险现场的那面旗，你让我感到无限荣光，我陪着你一起用脚步丈量堤防，你用忘我和付出绘出了最美的中国红。

我是黄河岸边的那棵柳，我对你充满着期待，期待着与你的下一次相约，到那时，一定是清风徐来，大河无恙！

100天的执着与坚守，我们和"黄河人"风雨同行，日夜相守，我们看到了他们的铮铮铁骨和巍然挺立。他们是夜空中最亮的星，守护大河安澜，照亮生命前行！

> 大河一日行，挥洒怀川情；
>
> 波涛风浪急，险情即战情；
>
> 黄河集铁军，威武长堤行；
>
> 巡坝查险细，搂厢推枕急；
>
> 抢险加固忙，物料设备齐；
>
> 劳军后勤暖，前线督查严；
>
> 百里半九十，坚持再坚持；
>
> 牢记金标准，初心护河安；
>
> 待到全胜日，千里红旗展。
>
> ——致敬所有奋战在抗洪抢险第一线的黄河卫士

（2021年10月20日　中国水利网站）

初心不改安澜梦

——焦作河务局迎战沁河洪水回顾

◎杨保红

2021年9月27日16时，武陟站流量2 000立方米每秒，刷新了1982年以来沁河洪峰记录。

9月26日焦作河务局启动第六次全员岗位责任制。全体干部职工取消休假，局领导班子分别带领6个工作组18名科级干部分赴一线，市县局机关及二级机构下沉245名人员进驻班组，守险堤坝，与一线职工共同打响秋汛攻坚战。此情此景，勾起人们对1982年沁河洪水的回忆。

2021年9月29日11时19分混浊的沁河水注入黄河（陈维达/摄）

神笔一挥天地阔

焦作河务局高级工程师李怀前：我的家乡武陟县大城村，是《水经注》记载黄河、沁河交汇处的武德县城，历史上饱受沁河决溢之患。1981年从黄河水利学校毕业后，我在武陟第二黄沁河修防段投身治黄事业，当年就参加了沁河杨庄改道工程施工，次年目睹了1982年沁河武陟站4 130立方米每秒超标准洪水。39年后，再次目睹沁河武陟站2 000立方米每秒洪峰，感慨良多。

1982年8月沁河来水前，与今年7月以前相仿，都是长期干旱少雨，当洪水来到时都有些出人意料。幸运的是，1981年3月国家开始实施杨庄改道工程。

1984年沁河杨庄改道工程完工后航拍图（河南河务局档案室提供）

沁河下游河道堤距宽一般在800~1 200米，唯武陟木栾店700米长的卡口段堤距宽仅330米。更要命的是，在这个卡口上还建了一座双曲水泥拱桥。汛期一旦在此决口，将危及华北平原3.3万平方公里范围内人民群众生命财产安全。为改变这一不利河势，国家实施了沁河杨庄改道工程。

杨庄改道工程的实施恰逢其时，1982年8月2日主体工程刚完工，沁河下游就发生了4 130立方米每秒洪水，工程经受住了考验。仅避免分洪就减少经济损失1.5亿元，是改道工程投资的5倍多。杨庄改道工程因此被人们称为"神来之笔"。

然而，事后回想起1982年的洪水还是有些后怕。当洪峰到达武陟时，沁河右堤五车口段水位超过堤顶0.2米，我们硬是靠着"土牛搬家"打子堰的办法，战胜了洪水。

如今的沁河堤防经过加高加宽、堤顶道路硬化，变得更加坚固，特别是近年沁河下游防洪治理工程的实施，沁河口水库的建成投入运用，沁河下游防洪体系日臻完善，让我们面对洪水办法更多，信心更足。

2021年9月29日沁河杨庄改道工程段行洪情况（于澜/摄）

铁打的堤防流水的兵

焦作河务局下沉干部文建设：我是1982年参加治黄工作的，当年就赶上沁河大水。时至今日，又遇到沁河今年的接连几次洪峰，而我再过几年就退休了。

7月11日13时河口村入库流量3 800立方米每秒。7月11日15时54分，沁河支流丹河山路坪站洪峰流量达1 170立方米每秒，这是1957年以来丹河最大洪水。幸亏有河口村水库拦峰，武陟站没有出现大的洪峰，7月14日洪水顺利进入黄河。7月23日3时12分沁河又出现武陟站

1 510立方米每秒洪峰。接着便是9月27日武陟站流量2 000立方米每秒洪峰。

回想起初上班时在黄河驾部控导班的情形,跟如今的境况比起来真有天地之差。那时节,整日里割麦晒场、搬石头捆枕,那叫一个累!

为啥会种小麦?只因为当时经济不宽裕,班里组织大家在控导工程的坝裆里头种小麦。一个坝裆的麦子,割割晒晒也就两箩头,产量相当有限,但总算能弥补一下不足。当时住的守险房漏雨,下起雨来夜里得来回挪着睡觉。1982年沁河发生洪水时,堤上到处都是人,哪有雨衣,都是披个塑料布、麻包片。

今年汛期机关多次组织下沉一线,我们住在沁河白马沟班组,虽然也辛苦,但至少能吃上可口的饭菜,住的是楼房标准间。这两天气温陡降,工会的同志连夜给所有一线人员送来了保温的衣服。

如今我们跟一线职工一起查险,雨衣、安全绳、灯具,白马沟段堤上还有路灯,重要的险工险段灯火通明,堤顶道路都已硬化,跟过去堤上泥泞不堪的情况完全不可同日而语了。

今日驾部控导工程班组(武陟第二河务局提供)

严防死守有规范

沁阳河务局职工彭立新：我是1981年3月在沁阳参加治黄工作的，亲身经历了多次沁河特大洪水、中常洪水和重大险情！印象最深的是1982年沁河洪水，今年又遇到一次不同寻常的伏秋大汛。

从应对措施来说，1982年的人防力量基本上是中华人民共和国成立前参加工作的老河工、落实政策重新走上岗位的老同志、知青和民技工，知识分子得到重用但数量不多。虽然有岗位分工，但大家信奉"革命工人是块砖，哪里需要哪里搬"。领导干部振臂一呼，全局职工齐上阵，不讲条件不怕困难，热情极其高涨。

1982年洪水期间沁阳城北沁河桥上群众聚集（沁阳河务局提供）

1998年"三江"洪水后防洪工作有了预案，并逐年完善。当洪水超警戒水位后，职能部门启动全员岗位责任制，全局职工各就其位各司其职，严守岗位严阵以待！2012焦作河务局有针对性地完成防汛指挥规范化系统创新项目，避免了抢险时车辆运用不规范，各类车辆上堤拥挤堵塞互相影

2021年沁河洪水期间沁阳城北沁河桥上一如平常（杨保红/摄）

响的现象，实现了方寸之地百兵作战的规范作业。特别是大型抢险机械，现代通信和实时图像传输等数字化应用使防汛工作更上一层楼。

从洪水量级来看，1982年属超设防标准的特大洪水，今年的洪水属中常洪水；从持续时间和险情来说，"82·8"来猛去速，3天后洪水下泄无后续洪水，沁阳境内除西庄短时间漫水和个别险工根石走失外别无大的险情发生。而今年沁阳段更无大的险情发生！各处险工和薄弱堤段都有专人昼夜值守，大堤上秩序井然，令行禁止，洪水在奔腾，河工在守卫，柳枝在摇曳，长堤无恙！

（2021年10月11日，中国水利网站）

长缨缚波

——焦作黄沁河2021年罕见长汛实录

日

R I Z H I

志

7月11日　沁河丹河流量激增

　　7月11日0时至16时，沁河局部出现强降雨过程。累积面雨量达73.6毫米，最大点雨量窑头水文站351毫米。受此影响，河道水势暴涨，沁河山里泉水文站11日13时24分出现3 800立方米每秒洪峰流量；沁河支流丹河山路坪水文站15时54分出现1 170立方米每秒洪峰流量，为1957年以来最大流量，排建站以来第四位。

　　●7月11日，王凯省长、周霁常务副省长分别对《关于沁河来水情况的报告》进行批示，强调各单位要加强应急值守，坚守工作岗位，密切关注雨水情、汛情发展变化，并及时上报防汛信息。属地各级政府要迅速组织低洼处群众外迁，同时加固低矮河堤。

　　●在确保下游群众安全转移的前提下，水利部黄河水利委员会、省水利厅就河口村水库调度进行会商，调度干流河口村水库拦洪削峰，将洪峰流量由3 800立方米每秒削减至300立方米每秒，要求河口村水库自11日16时按300立方米每秒下泄。

　　●为全面做好沁河洪水防御工作，省防指和黄委派出工作组（工作组：程存虎、祝杰、何平安）赴沁河督查指导；省防指黄河防办紧急调集郑州河务局机动抢险队30人到达武陟南王险工待命，全力确保工程安全。

　　●省、市防指于7月11日16时发布蓝色预警，启动防汛Ⅳ级应急响应。市防指下发《关于迎战沁河洪水的紧急通知》，部署洪水防御工作，要求确保沁河下游防洪安全及滩区安全。

　　●7月11日，河南省应急管理厅厅长吴忠华、河南河务局局长张群波赴博爱沁河白马沟险工检查防汛工作。

　　●7月11日下午至12日，焦作市委书记葛巧红，市委副书记、代市长李亦博冒着大雨，检查督导防汛工作，深入一线指挥调度，对沁河防汛抢险工作再安排再部署，并连夜进行河道巡查、督查值班值守情况。

　　●面对暴雨和汛情，焦作河务局快速反应，积极应对暴雨洪水，通过短信平台、微信工作群，及时编发洪水预警信息和通报汛情信息，密切跟踪洪水过程，加密水尺观测频次；严格落实防汛责任，加强河势观测和工程巡查防守，发现险情及时处置；提醒地方政府做好清滩工作，注意涉水人员安全；派出工作组分赴沿沁5个县局，指导洪水防御工作。

7月12日　削峰滞洪　洪水平稳演进

7月12日凌晨，雨区持续向东北方向移动，主要笼罩黄河下游及汾河局部地区，沁河流域降雨已基本结束。8时，沁河武陟站流量352立方米每秒。焦作市防指下发通知，自7月12日8时起解除防汛Ⅳ级应急响应。

本次洪水经河口村水库调控及丹河洪水汇入后，受河道条件及洪水峰形等多方因素影响，沁河武陟水文站出现360立方米每秒左右的洪峰流量过程，我市沁河各河段河势平稳演进，工程迎送流较为稳定。

●7月12日，省委书记楼阳生在省委总值班室报送的"沁河河南段处置涉水救援警情"有关信息（值班信息快报第189期）上做出批示：及时施救，应予肯定！基层党组织在主汛期，要发挥好战斗堡垒作用，主心骨作用，组织群众，关键时刻首要任务是转移群众。

●7月12日，黄委总工程师李文学带队实地检查沁河下游防汛，对洪水防御工作再督促、再落实、再强化。

●7月12日，焦作市政府办公室向各县（市）政府、市直单位发出《关于进一步加强汛期安全防范工作的紧急通知》，要求：一要提升政治站位；二要加强巡查整改；三要强化应对措施；四要科学研判调度；五要提高救灾能力；六要压实压紧责任。

●7月12日8时，焦作河务局启动防洪运行机制，各职能组人员上岗到位，密切关注水情变化，加强值守，及时处置突发事件。

7月13日　树立"金标准"　落实硬举措

7月13日，省委书记楼阳生主持召开全省防汛工作视频会议，确立防汛工作金标准（把确保不发生溃坝、决堤以及小流域洪灾、地质灾害等造成群死群伤事故，作为检验防汛工作的金标准），宣布全省防汛工作进入主汛期战时状态，动员全省上下进一步高度重视防汛工作，采取切实有效的措施确保安全度汛。省长王凯做具体部署。

●7月13日，焦作河务局党组书记、局长李杲主持召开防汛会商会，贯彻全省防汛工作视频会议、全市防汛工作会的会议精神，总结汛前黄河调水调沙及本次沁河洪水防御工作中暴露的问题，以问题导向对下阶段防汛工作进行安排部署。

会议要求，一是研究落实楼阳生书记和王凯省长的讲话精神，制定具体的细化落实措施，建立落实闭环机制，消除死角和盲区；二是加强预测、预报、预警、预演、预案，细化各个环节，下好先手棋，争取防汛主动权；三是持续开展隐患排查，切实做到"汛期不过、排查不停、整改不止"；四是加强会商研判，推动信息化、智慧黄河建设；五是认真总结黄河调水调沙和此次沁河洪水防御工作，针对暴露的问题建立台账，明确整改措施和时限，并对整改情况进行督查。

●7月13日下午，焦作市委常委、市纪委书记、市监委主任牛书军一行检查温县沁河防汛工作。

7月14日　洪水平稳过境

7月14日凌晨4时，河口村水库关闭泄洪孔洞，沁河洪水平稳度过焦作辖区。

●7月14日起，市委、市政府联合督查组分成4组对我市防汛安全工作开展实地督查。7月14日的督查覆盖了11个县（市、区），从督查的情况来看，县、乡、村三级对当下防汛安全工作较为重视，本着对人民群众高度负责的态度，积极履职，精细排查，强化保障，防汛工作有力有序推进。

7月15日　厉兵秣马再前行

7月15日，省防指办公室向沿黄地市防指发出《关于落实黄河防汛抢险料物的通知》，指出，我省黄河防汛已经进入主汛期，黄河防汛形势十分严峻。要求各指挥部按照省防指领导要求，为保障黄河抢险料物需求，切实履行防汛主体责任和属地管理责任，抓紧补充黄河防汛料物储备，确保黄河防汛安全度汛。

●7月15日，省委常委、省纪委书记、省监委主任曲孝丽在《省委书记楼阳生关于省委总值班室报送的"沁河河南段处置涉水救援警情"有关信息的批示》（领导同志批示第20期）上批示：密切关注沁河汛情，并督促济源、焦作坚决落实阳生同志的批示要求，确保人民群众的生命安全、沁河安澜。

●7月15日，焦作河务局组织局属沿沁河务局对沁河水尺进行检查维护，对出现人工水尺杆倾斜、损坏、坝前冲刷或淤积、河势变化等影响观测的问题，按照靠河工程有水位读数的要求进行重新设置，并对人工水尺进行维护，使人工水尺精度、位置安设均符合要求，以保证汛期沁河水情观测工作正常运行。

7月16日　省防指发布1号指挥长令

据省气象台预报，7月17~19日，我省淮河以北大部将出现持续强降雨，局地将出现暴雨、大暴雨或特大暴雨，强降雨持续时间长、范围广、量级大、雨势强。为全力防范应对，切实保障人民生命财产安全，7月16日，省防汛抗旱指挥部发布1号指挥长令。命令要求：一要迅速进入战时状态；二要加强防汛会商研判；三要突出重点部位防范；四要做好抢险救援准备；五要及时转移安置群众。

●7月16日，焦作市委书记葛巧红在领导批示誊清（曲书记关于《领导同志批示第20期》的批示）上批示：请在7月16日全市防汛工作推进会上传达学习，严格落实战时要求，实行战时机制，全力以赴力保人民生命财产安全。

●7月16日下午，焦作市召开防汛工作推进会议。市长李亦博就做好当前防汛工作，强调三点意见：一是风险要清楚；二是措施要具体；三是责任要落实。

●7月16日晚，焦作河务局党组书记、局长李杲主持召开防汛会商会，贯彻国务委员王勇、水利部部长李国英和省市各级领导近期关于防汛工作的指示精神，并针对7月17~19日持续强降雨过程的防汛工作做出安排部署。22时，焦作河务局启动防洪运行机制，各职能组上岗到位；班子成员带领工作组分赴一线，协助局属单位应对此次强降雨，督查防汛责任、防汛值守、物料准备、队伍状况、险工险段和防守措施。

7月17日　黄委全面部署黄河"七下八上"防汛关键期工作

7月17日，黄委党组书记、主任汪安南主持召开黄河汛期防汛抗旱会商会，全面部署黄河"七下八上"防汛关键期工作。黄委副主任苏茂林、总工程师李文学参加会商。

会议分析研判了近期黄河流域降雨形势，研究部署汛情应对工作，要求全河进一步高度重视防汛工作，采取切实有效措施，确保黄河防汛安全。

会议强调，一要进一步提高思想认识；二要进一步压实责任；三要加强预测预报预警；四要持续开展隐患排查；五要做好水工程联合调度；六要加强工程巡查防守；七要突出抓好淤地坝安全；八要强化中小河流、中小水库安全度汛，全力防范山洪灾害；九要强化避险转移；十要加强信息报送和新闻宣传。

7月18日　国家防总防汛工作组莅焦检查防汛工作
提出加强最后一公里责任落实

7月18日，由应急管理部应急指挥专员张家团带领的国家防总防汛工作组莅临我市，听取我市近期防汛特别是本轮强降雨防范应对情况汇报，检查前期水毁工程修复、水库大坝等防范措施。

汇报会上，张家团分析了当前我市防汛工作面临的严峻形势，对下一步工作提出了明确要求和指导意见，强调要坚决克服麻痹侥幸心理，进一步强化责任落实尤其是"最后一公里"责任在社区、农村的落实，加强隐患排查和科学防御，做到精准预警、精准指挥、精准转移、精准施救，全力以赴做好防汛各项工作。

●7月18日，国家防总副总指挥、水利部部长李国英主持召开防汛会商会，研判"七下八上"防汛关键期汛情形势，要求认真贯彻习近平总书记"七一"重要讲话精神和关于防灾减灾工作重要指示批示精神，按照党中央、国务院的部署，坚持人民至上、生命至上，进一步强化落实责任、细化实化防御措施、超前做足做好应对准备，确保人民群众生命安全。

●7月18日，省防指副指挥长、省应急管理厅厅长吴忠华主持召开防汛调度会，对防汛工作提出了"五个精准一个办好"的要求，即精准预测预警、精准分析研判、精准调度指导、精准派出督导组、精准救援救灾和办好防汛快报。

●7月18日，市委副书记、市长李亦博在市委市政府联合督查组《督查工作专报》第5期上批示：从报告情况看，督查组的工作是认真的，成效也很明显，希望继续紧盯问题整改工作，努力消除一切防汛安全隐患，确保安全度汛，确保全市人民生命财产安全。

7月19日　以雨为令　严阵以待

7月19日，省委书记楼阳生在《19~21日黄河中下游有大到暴雨 局部大暴雨 需加强防范》（黄河流域重要气象信息第7期）上做出批示：各市县严阵以待！

同日，周霁常务副省长对河南日报官微发布的《河南多地地质灾害升级为红色预警》做出批示：望抓紧提醒各地防办迅速系统科学调度水库的泄洪和腾库容，要尽早转移有地质灾害隐患区域群众，同步做好可能内涝部位的排渍工作。

●7月18日8时至19日8时，黄河中下游发生强降水过程，最大降水量为山西晋城南河西站 132.8 毫米，最大面雨量为沁河流域 33.8 毫米。根据气象预报，19~21 日，黄河中下游仍有强降水过程，且此次暴雨过程与 7 月 10~12 日暴雨落区重合度高，黄河中下游沁河、伊洛河防汛形势严峻。按照《黄河水旱灾害防御应急预案（试行）》规定，黄委经研究决定，发布黄河中下游汛情蓝色预警，自 7 月 19 日 19 时起启动黄河中下游水旱灾害防御Ⅳ级应急响应。

●7 月 19 日，省防指派出工作组（工作组：程存虎、张伟中、张献春）进驻焦作，重点就沁河防汛工作进行督促指导。

●7 月 19 日凌晨 1 时 50 分，焦作市副市长武磊在市政府六楼总值班室通过视频会商系统调度重点区域防汛情况，对防汛工作进行部署。19 时，焦作市防指启动Ⅳ级防汛应急响应。

●为做好沁河防汛工作，焦作河务局按照防汛责任迅速开展工作。强化综合调度和应急值守，密切关注水情、汛情发展变化，及时传递处置防汛信息；强化巡堤查险，加密巡查频次，在险工险段预置抢险设备，发现险情抢早抢小；落实各个涵闸围堵所用土方、石子、编织袋、吨包、土工布等物资和大型机械，以及抢险队员，并对涵闸实施围堵；强化清滩和交通管制，在重要上堤、进滩路口设置关卡，及时劝阻群众进入危险区域，全力确保人民群众生命安全。

7月20日　沁河流域再次出现强降雨

根据《黄河流域重要气象信息》（第 8 期）：7 月 18 日 8 时至 20 日 8 时，黄河流域三花区间出现暴雨到大暴雨，伊洛河流域局部出现特大暴雨。三花区间累积降水量 50~200 毫米，局部 300~450 毫米。累积面雨量 25~80 毫米，最大累积面雨量为沁河流域 79.2 毫米，其次为伊洛河流域 75.4 毫米。预计 20~21 日，三花区间仍有大到暴雨，局部大暴雨并伴有短时强降水等强对流天气。

7 月 20 日，省委书记楼阳生在《黄河流域重要气象信息》（第 8 期）上做出批示：仗，要一仗一仗打。防汛，要一个降雨过程一个降雨过程抓，毫不犹豫，精准果断，直至完胜！

●7 月 20 日下午，黄委党组书记、主任汪安南冒雨检查指导河口村水库及沁河下游防洪工作。

●7 月 20 日，就贯彻落实省委书记楼阳生重要批示精神，做好我市相关工作，焦作市委书记葛巧红批示：请即传达至防汛抗旱指挥部成员单位、各县（市、区）：

一、要随时排查、补充防范及救援力量，排查出的问题责任到人，一定及时整改到位。二、随形势变化密切研判，紧密衔接，确保全链条高效有序，行动果断科学有力。三、形势严峻，大家克服疲劳、懈怠，全力以赴，保人民生命安全、财产安全。

同日，市委副书记、市长李亦博批示：各级各部门要牢固树立"人民至上、生命至上"理念，将防汛作为当前最重要的任务，全面落实省、市应急响应要求，紧盯重点部位，切实采取针对措施、有效办法，落实落细各项任务责任，全力以赴做好抢险救援救灾工作，确保安全度汛，确保人民生命财产安全。

●7月20日，焦作市防指转发省防指黄河防办《关于紧急做好沁河洪水防御工作的通知》、下发《关于紧急做好当前黄河洪水应对工作的通知》等，安排部署工程防守和清滩等工作。20时，焦作市防指启动防汛Ⅱ级应急响应。

●7月20日，焦作河务局党组书记、局长李昊主持召开防汛会商会，贯彻省委书记楼阳生、省长王凯、黄委主任汪安南等各级领导近期关于防汛工作的指示精神，要求各单位各部门增强忧患意识，克服麻痹思想，立足于当前形势，扎实做好防汛工作。18时，焦作河务局启动全员岗位责任制，各职能组人员上岗到位。

7月21日 习近平总书记对防汛救灾工作做出重要指示

7月21日，习近平总书记对防汛救灾工作做出重要指示，强调：当前已进入防汛关键期，各级领导干部要始终把保障人民群众生命财产安全放在第一位，身先士卒、靠前指挥，迅速组织力量防汛救灾，妥善安置受灾群众，严防次生灾害，最大限度减少人员伤亡和财产损失。解放军和武警部队要积极协助地方开展抢险救灾工作。国家防总、应急管理部、水利部、交通运输部要加强统筹协调，强化灾害隐患巡查排险，加强重要基础设施安全防护，提高降雨、台风、山洪、泥石流等预警预报水平，加大交通疏导力度，抓细抓实各项防汛救灾措施。

●7月21日，国务委员、国家防总总指挥王勇主持国家防总专题会，研究部署北方河流防汛工作，要求压实防汛责任，强化协调配合和应急值守，科学调度水利工程，加强堤防巡查防守，全力做好水旱灾害防御各项工作。

●7月21日2时，水利部将水旱灾害防御Ⅳ级应急响应提升至Ⅲ级。9时，黄委将黄河下游水旱灾害防御Ⅳ级应急响应提升至Ⅲ级。

●7月21日2时，沁河山里泉水文站（河口村水库入库）最大流量1 990立方米每秒；5时，支流丹河山路坪水文站流量217立方米每秒，武陟站流量493立方米每秒，河口村水库库水位254.89米（汛限水位238米），超汛限水位16.89米，沁河防汛形势进一步严峻。

●鉴于我省暴雨持续，郑州市城区严重内涝，铁路公路民航运输受到严重影响，郑州市二七区郭家嘴水库发生溃坝，贾鲁河、伊河等发生险情，防汛形势异常严峻。省防指经会商研判并报省防指指挥长批准，于21日3时将防汛应急响应级别由Ⅱ级提升为Ⅰ级。

●7月21日上午，焦作市委书记葛巧红主持召开防汛紧急会议和全市防汛视频调度会议，会商研判当前我市的防汛形势，对全市防汛工作进行再安排再部署；下午，葛巧红书记到黄河武陟段驾部控导工程等处，检查指导黄（沁）河防汛备汛工作。12时，焦作市防指启动防汛Ⅰ级应急响应。

●7月21日，焦作市财政局（国资委）根据市领导对焦作河务局《关于补充黄河防汛物资储备的请示》（焦黄办〔2021〕14号）的有关批示要求，从年初预算安排的市长预备费中拨付158万元给市水利局，由市水利局结合焦作河务局统筹购买补充防汛物资。

●7月21日21时，焦作河务局局长李昊主持召开防汛会商会议，贯彻河南河务局防汛会商会议精神，对当前洪水防御重点工作和防汛纪律进行再强调。

7月22日 省防指启动沁河下游水旱灾害防御Ⅳ级应急响应

根据当前水情和降雨预报，7月22日12时30分黄委水文局发布沁河下游河段洪水蓝色预警，沁河武陟水文站将于7月23日6时前后出现1 200立方米每秒左右的洪峰流量。黄委于7月22日14时将河口村水库出库流量压减至280立方米每秒，沁河下游河段仍将出现超过1 000立方米每秒的洪水过程，沁河防汛形势趋于紧张。经省政府领导同意，省防指发布沁河下游河段洪水蓝色预警，于7月22日16时启动沁河下游水旱灾害防御Ⅳ级应急响应。

●7月22日，沁阳市委办公室向焦作市委办公室报告：7月22日14时00分，沁阳丹河山路坪站流量达917立方米每秒，据了解是上游青天河泄水，新增流量进入沁河，将对沁河防洪造成重大压力。焦作市委书记葛巧红在沁阳市报送的《紧急报告》上做出批示：

请沁阳市高度重视上游泄洪造成的汛情，采取果断措施、强化救援力量、紧急疏散群众、加强河堤巡查，确保沁河沿线群众生命财产安全。

请沁河沿线各县（市、区）密切关注上游泄洪造成的影响，提前安排、提前部署，确保安全度汛。

请分包县（市、区）防汛工作领导、市防汛抗旱指挥部高度重视上游泄洪汛情特别是黄河、沁河、南水北调等汛情，统筹上下游左右岸气象、汛情、雨情、水情、灾情，及时掌握和发布信息，调配防汛力量及物资，发挥好总调度作用，力保全市安全度汛。严禁各自为战。

●7月21~22日，焦作市委常委、市纪委书记、市监委主任牛书军，焦作市委常委、秘书长牛炎平，焦作市政协主席杨娅辉分别赴温县、沁阳、博爱检查沁河防汛工作。

●7月22日，黄委建设局何晓勇一行进驻焦作，检查督导沁河防汛工作。

●7月22日，市防指先后转发省防指黄河防办《进一步加强沁河洪水防御工作的紧急通知》《关于加强沁河巡堤查险的紧急通知》，下发《关于进一步落实沁河巡堤查险责任制的通知》《关于加强沁河防洪工程防守的紧急通知》《关于进一步强化沁河洪水防御工作的紧急通知》，安排部署当前沁河洪水防御各项工作。

●7月22日晚，焦作河务局局长李杲在沁阳马铺班组主持召开防汛会商会，贯彻上级关于防汛救灾工作的有关要求，研究部署具体落实举措。会议强调，各单位、各部门、各职能组要以对党和人民高度负责的态度，扛起防汛救灾的重大政治责任，以科学态度、过硬作风，全力以赴做好各项防汛工作，确保度汛安全。

●7月22日，中国安能武汉救援基地党委书记李贵平一行进驻武陟，对沁河险工险段及防守要点进行熟悉摸底。

7月23日　沁河武陟水文站出现超警戒洪水

受7月18日以来持续降雨影响，沁河出现多次洪水过程。23日，沁河下游武陟水文站3时12分出现1 510立方米每秒的最大流量，最高水位106.01米，超过该站警戒水位0.34米。此次洪水过程，武陟站洪峰流量由沁河干支流汇水形成，沁河河口村水库下泄流量500立方米每秒，其中支流丹河山路坪站7月22日15时12分最大流量1 020立方米每秒。

●7月23日，国家防总秘书长、应急管理部副部长兼水利部副部长周学文带领国家防总工作组，莅临我市查看黄沁河防汛情况。工作组现场查看了武陟老龙湾险工段和博爱白马沟险工段、丹河入沁口的责任制落实、巡查防守和安全运行情况后指出，当前正处于防汛关键期，要加强黄河中游、沁河堤防巡查防守，重点抓好险工险段、薄弱地区的隐患排查，确保黄沁河安全度汛；要抓紧排查统计灾害损失，核实核准灾情，强化疫情防控措施，组织专家对受灾群众开展的心理抚慰服务；要进一步摸清各集中安置点生活类救灾物资需求，统筹各类物资调配使用，抓紧抢修供电、供水、供气和通信设施，尽快恢复灾区正常生产生活秩序。

●7月23日，市防指向沿沁各县（市）防指发送《关于应对沁河洪水的紧急通知》和《关于进一步做好沁河防汛有关工作的通知》，部署沁河洪水防御工作。

7月24日　全力保障沁河洪水安全过境

焦作河务局共组织沁河一线246名职工开展巡堤巡坝查险，21处水位观测站每30分钟观测1次河道水位，对14个断面进行滩岸观测；应急抢险队驻守险点险段，随时做好抢大险准备；每座沁河涵闸明确1名县级领导责任人，落实150人的护闸队；组织沿河群防队伍1.1万人上堤防守、巡堤查险；对险工、险段和风险隐患进行再排查，安排大型抢险机械50余台；按照"抢早、抢小"的原则，对有出险苗头的工程进行除险加固，全力保障了洪水期工程运行正常。

本次洪水，焦作辖区南水北调穿沁工程以下全线漫滩，南水北调穿沁工程以上部分低滩漫滩，滩区淹没面积4.8万亩；左岸堤防偎水65%，偎水长度46.5公里，偎堤水深0.1~2.5米；右岸堤防偎水58%，偎水长度44.9公里，偎堤水深0.3~1.8米。

●7月24日，河南河务局党组书记司毅铭、焦作军分区司令员刘同兴分别检查沁河洪水防御工作。

●7月24日，焦作市防指向沿黄沁各县（市）防指转发省防指黄河防办《关于坚决贯彻落实习近平总书记重要指示精神 全力以赴做好黄河洪水防御工作的通知》和《关于加强沁河涵闸防守工作的紧急通知》。11时，焦作市防指将防汛Ⅰ级应急响应调整为防汛Ⅲ级应急响应。

●7月24日上午，焦作河务局局长李杲主持召开市、县局防汛会商会议，研判沁河水情形势，梳理薄弱环节和存在问题，安排部署当前及下一步沁河防洪工作。

●7月24日，焦作河务局在丹河入沁口成功安装并启用博爱留村站测流仪，为实时掌握辖区沁河支流汇流后干流河道流量提供了可靠的数据支撑。

7月25日　部署沁河退水期防汛工作

沁河上游大范围高强度降雨逐渐停止，7月25日8时，沁河武陟站流量1 160立方米每秒，丹河山路坪站流量104立方米每秒，洪水呈回落趋势。7月25日，焦作市防指下发《关于加强沁河洪水回落期防守工作的通知》，要求各级领导干部靠前指挥、综合调度，迅速组织力量强化灾害隐患巡查排险，抓细抓实各项防汛救灾措施。

●7月25日，焦作河务局局长李杲主持召开防汛会商会，贯彻落实黄委、河南河务局防汛会商会议精神，安排部署沁河退水期防汛工作。会议要求：一是落实每处工程、每段堤防的行政责任人，责任段责任人要上岗到位；二是继续强化巡堤查险，按要求配足巡查力量，以战时要求严格防汛纪律，日夜不间断巡查；三是全面推广武陟县"三长三班六有"群防队伍巡查工作模式；四是根据前期抢险消耗和目前抢险实际需要，有针对性备足防汛料物，并把料物落实到风险点上。

●沿沁四县（市）加强沁河洪水退水期间的巡查防守，增强涵闸巡查力量，日夜不间断巡查，12座涵闸全部落实县级领导、护闸队及抢险机械与料物；河务部门对群防队伍进行技术培训，强调巡查重点，在保证工程安全运行的前提下，抓住晴好天气，对雨毁工程进行修复，扶正倒伏的树木，尽快恢复工程面貌。

7月26日　"烟花"来了　省防指发布2号指挥长令

据省气象台预报，今年6号台风"烟花"将于26~29日影响我省京广线以东地区，局部地区将有大到暴雨。本轮降雨过程与当前部分受灾地区叠加，防汛形势十分严峻。为做好防范应对，保障人民群众生命财产安全，7月26日，省防汛抗旱指挥部发布2号指挥长令。命令要求：一要进入战时状态；二要加强应急值守；三要强化会商研判；四要做好重点防御。

●7月26日上午，中共中央政治局常委、国务院总理李克强在国家防汛抗旱总指挥部主持召开抗洪抢险救灾和防汛工作视频会议，研究做好当前和下一步抗洪抢险救灾和防汛工作。强调把保障人民群众生命财产安全放在第一位，强化责任完善措施全力做好防汛救灾工作。

●据气象预测，受第6号台风"烟花"影响，7月27~31日，黄河下游及支流大汶河或将有一次强降雨过程，防汛形势十分严峻。7月26日，黄委主任汪安南再次主持召开水旱灾害防御会商会，分析研判台风动向及对黄河下游、大汶河流域可能产生的影响，提前部署强降雨防范工作。

7月27日　会商部署台风"烟花"暴雨防御工作

7月27日，焦作河务局局长李杲主持召开第10次防汛会商会，贯彻落实河南河务局防汛会商会议精神，对迎战6号台风"烟花"和当前黄（沁）防汛工作进行部署，要求防雨防风，密切关注雨情水情工情，迅速排查险点隐患，加强对河道范围内漂浮物锚固，抓紧补充防汛物资，加快水雨毁工程修复，做好应急值守和巡堤（坝）查险，继续抓好清滩和涉水安全，以战时状态抓好各项工作。

●7月27~28日，河南河务局党组成员、纪检组长兼监察局局长甘保恩一行督导检查焦作沁河防汛工作。

●7月27日8时河口村水库出库流量280立方米每秒，13时库水位降至236.53米，停止泄洪，下泄流量20立方米每秒。丹河山路坪流量稳定在62立方米每秒且有回落趋势，安全河和逍遥河流量分别为2立方米每秒、3立方米每秒，沁河洪水总体处于退水过程，14时，武陟站流量回落至213立方米每秒。

7月28日　继续做好黄（沁）河洪水防御工作

7月28日，焦作市防指向沿河县（市）防指发送《关于继续做好焦作黄（沁）河洪水防御工作的通知》，进一步落实习近平总书记对防汛救灾工作做出的重要指示，防范6号台风"烟花"影响，继续做好各项洪水防御工作。要求各级各部门提高政治站位，从最不利情况出发，以确保人民群众生命财产安全为首要目标，把各项准备工作和应对工作落实到位，持续做好雨情水情监测预报、工程防守、隐患排查、涉水安全管理、交通管制、信息报送等工作。

●焦作河务局组织局属各河务局对各沁河险工最高水位痕迹进行测量，开展河势查勘并留存影像资料，进一步掌握沁河武陟站1 510立方米每秒洪峰在我市河段河势及水位表现；开展一线慰问，对一线班组和抢险队人员进行慰问，同时慰问驻防武陟的中国安能武汉救援队，对其支援武陟沁河防汛表示感谢。

7月29日　抓住有利时机　加快抢修恢复

7月29日，焦作河务局抓住天气晴朗的有利时机，派出工作组对辖区黄（沁）河重点工程汛期洪水防御情况进行检查，制定并指导实施工程加固措施。局属各河务局加强对靠河黄河控导、沁河险工的隐患排查，做好水雨毁工程设施的抢修和防洪功能恢复工作，并留存影像资料；盘点沁河险工、险段和涵闸防汛物资的储备情况，对消耗过大的防汛物资计划进行补充，确保应急抢险需要。

●当前正值"七下八上"防汛期，为做好2021年汛期防汛工作和应对6号台风的强降雨过程，7月29日，黄委发出《关于扎实做好黄河汛期防汛工作的通知》，安排部署汛期防汛工作，并要求即日起至8月31日，委属各单位干部职工一律取消休假，坚守工作岗位，迎难而上，坚决打赢今年黄河防汛抗洪这场硬仗。

●7月29日，黄委工会副主席展彤到沁阳查看大洪水后防洪工程受灾情况，同时对一线班组和抢险队员进行慰问。

●7月29日，焦作河务局调用武陟第一河务局防汛编织袋5 000条（焦作市政府储备）到武陟第二河务局沁河五车口涵闸，以备应急使用。

7月30日　黄委终止黄河中下游水旱灾害防御应急响应

鉴于台风"烟花"对黄河下游干流及大汶河流域影响已基本结束，汛情整体趋于平稳，7月30日18时，黄委终止黄河中下游水旱灾害防御应急响应，转入正常防汛工作状态。同时要求各有关单位和部门继续保持战时状态，做好防汛值班工作，密切关注天气变化，统筹雨水情预测预报、水库安全度汛、工程巡查防守、山洪灾害防御等工作，确保黄河安全度汛。

7月31日　强化汛期值班值守

7月31日，王凯省长在省政府总值班室《全省政府系统汛期值班工作情况通报》上做出批示：汛期值班值守，信息通畅、及时太重要了，这是有血的教训的，一定有严肃的纪律，对失职的要追究责任。

●7月31日，焦作河务局局长李杲到武陟、温县、孟州等地督促检查水雨毁工程修复进展和工程值守情况。

8月1日　迅速开展防汛期疫情防控工作

8月1日，焦作河务局向局属单位下发《转发省防指办关于做好防汛救灾期间重点场所防病防疫工作的紧急通知》。要求局机关和局属单位严格贯彻落实王凯省长做出的"对重点区域防疫工作进行督查，要确保大灾无大疫"批示要求，强化组织领导、加强部门协调、落实各项防疫措施，加强症状监测、开展环境卫生消杀，全面做好机关及一线班组的防病防疫工作。

8月2日　防汛防疫工作再部署

8月2日，焦作河务局召开防汛例会和疫情防控会。

防汛例会对前期沁河洪水防御工作进行总结，安排部署下一步工作。会议强调，今年沁河洪水为全局防汛工作敲响警钟，各单位各部门要进一步克服麻痹思想及侥幸心理，继续保持战时状态，强化防大汛、抢大险、救大灾意识，对各项数据资料进行再分析、再总结，突出防汛工作重点，细化防汛措施，为上级部门和各级领导决策部署防汛工作当好参谋，确保黄沁河安全度汛。

疫情防控会通报了近期全国和我省疫情形势，传达落实黄委、河南河务局疫情防控工作会议精神和属地疫情防控具体要求，分析研判当前形势，对疫情防控工作进行部署。会议强调，防疫与防汛都是事关全局的大事，要坚决落实上级和属地防疫要求，认真做好统筹应对，织牢织密外防输入、多点触发、应急处置"三张网"，落实好各项防控措施；备齐备足口罩、酒精等防护和消杀物资，严格机关及家属院门禁管控和公共区域环境卫生消杀；建立台账全面摸排人员行程，严控会议规模和参加人数，非必要不出焦；加快推进疫苗接种，做到应接尽接，确保广大干部职工及家属的生命健康安全。

8月3日　进一步加强防汛物资储备

为进一步做好当前的防汛抢险救援救灾物资保障工作，确保抢险救援救灾物资能调的出、用的上，有效应对各类突发事件和自然灾害，按照市防指要求，焦作河务局组织对各类防汛抢险救援救灾物资库存情况进行全面清点盘查，制订采购方案、迅速进行补充，确保各项抢险、救援、救灾等各项工作顺利开展。

8月4日　贯彻落实全省灾后重建工作会议精神

为认真贯彻落实全省灾后重建工作会议精神，焦作市防指按照市委、市政府主要领导要求，对我市防汛和灾后恢复重建重点工作任务进行分解，于8月4日印发《全省灾后恢复重建工作会议重点工作任务分解》。

任务分解中对水利设施恢复重建工作，要求做好安全生产工作，深入开展水毁工程排查治理，抓紧修复因灾损毁的农村供水设施、灌区、灌溉工程及骨干渠道、堤防、水库、水闸等水利设施，加快中小河道清淤疏浚、低洼易涝区管控整治、病险水库（水闸）除险加固等。协调抓好南水北调焦作段总干渠水毁工程修复工作，做好南水北调供水配套工程因灾水毁维修养护和提升。加快补齐水利设施防汛短板、兴修水利、做好头顶库、病险水库、尾矿库、淤地坝下游村庄安全防范工作，提升应急能力和灾害防范能力，优化细化预案，制定完善各级指挥部指挥指南，认真总结防汛抢险经验教训。

8月5日　加快灾后恢复　确保安全度汛

8月5日，省防指黄河防办向沿黄各省辖市、济源示范区防指，省防指各成员单位发出《关于落实省委省政府〈关于加快灾后恢复重建的若干政策措施〉确保河南黄河安全度汛的通知》。

通知要求认真做好七个方面的工作：一要全面落实各项防汛责任制；二要切实加强会商研判；三要切实加强隐患排查；四要切实做好查险抢险；五要切实加强防汛队伍和物资保障；六要切实加强涉水安全管理；七要做好滩区运用准备。

●7月18日以来，我市沁河累计21处防洪工程发生一般险情91坝次，排查黄沁河防洪工程水雨毁2 163处，抢险及修复水雨毁共投入石料3万立方米、土方10.1万立方米、铅丝5 586千克、柳料5万千克等。

8月9日　国家防总办发出《进一步强化防汛抗洪抢险救援协调衔接机制的通知》

为进一步做好防汛抗洪抢险救援工作，8月9日，国家防总办下发《关于进一步强化防汛抗洪抢险救援协调衔接机制的通知》，要求深入学习贯彻习近平总书记关于防汛救灾工作的重要指示精神，按照党中央、国务院决策部署和国家防总的统一要求，进一步提高政治站位，加强统筹协调，完善工作衔接机制，切实增强工作合力，始终把保障人民群众生命财产安全放在第一位落到实处。

一是强化防汛责任人和岗位职责衔接；二是强化监测预警和转移避险衔接；三是强化巡查防守和抢险救援衔接；四是强化防汛抗旱应急预案与专项预案衔接；五是强化防汛指挥机构和相关各方机制衔接；六是强化应急值守和信息报送衔接。

续：8月15日20时起，焦作市防指终止防汛Ⅲ级应急响应。

8月18日 下好"先手棋" 打好"主动仗"

8月18日8时，省气象局发布《19日豫北有强对流天气 22日沿黄及以北有暴雨大暴雨 需加强防范》（重要天气报告2021年第22期）。

8月18日，省委书记楼阳生对本次强降雨过程防范应对工作做出批示；王凯省长主持召开省防指紧急视频会议并讲话；武国定副省长对当前防汛工作进行了安排。

楼阳生书记批示：据最新气象资料监测分析，预计未来一周我省有三次强降水天气过程，降水偏多、强度较大，且强降水落区与前期洪涝灾害较重地区重叠，加之上游豫晋交界地区也将出现强降水等综合影响，必须做好做足准备工作。省市县三级防指立即根据气象预报做出应对部署，切实把保障人民群众生命财产安全放在第一位，该转移的群众及时转，该关闭的场所及时关，该暂停的经营及时停，坚决守住不发生群死群伤事故的底线！要紧盯重点部位、重点场所、重点环节，加强带班值守、巡查检查、应急处突、全力确保河道险工险段水库堤坝特别是险库险闸等安全，决不能出现溃坝、决堤，确保安全度汛！要全力防范城乡积涝和山洪、泥石流、山体滑坡等地质灾害，做到及时发现险情，临机处置，果断处置，决不能贻误战机。要高度关注降水对灾后恢复重建和受灾群众生产生活带来的不利影响，提前采取措施，确保困难群众基本生活得到有效保障。

王凯省长在省防指紧急视频会议上，就做好本轮强降雨应对工作，提出六点意见：一要以高度的政治自觉做好做足准备工作；二要科学高效开展会商研判和指挥调度；三要坚决严防死守防汛重点部位、重点场所、重点环节；四要坚决落实城市内涝管控措施；五要妥善安排受灾群众的生产生活；六要坚决压实压紧防汛救灾各项责任。

同日，就贯彻落实省委书记楼阳生重要批示精神，焦作市委书记葛巧红批示：应对工作已作安排。请亦博同志立即再听取各方面落实情况，传达楼书记批示，再梳理一下各项措施到位情况，严格把楼书记批示落实到位。各地各部门有情况第一时间报告，同时及时处置。

8月19日 涉水安全管理再加强

为进一步加强黄河汛期涉水安全管理工作，做好新一轮强降雨防范应对，确保人民群众生命安全，8月19日，省防指黄河防办向沿黄地市防指下发《关于进一步加强涉水安全管理的紧急通知》。接到通知后，焦作河务局迅速转发至局属各单位，逐项抓好落实。一是再次组织全面排查各类涉水生产安全隐患并及时处置；二是进一步加大宣传力度，对沿河群众进行涉水安全警示教育；三是加大河道巡查力度，巡查中发现安全隐患及时处置；四是加强河道施工设备的安全管理，做好涉水作业人员和施工设施、设备的安全撤离工作；五是对涉水物体加强督查，对督查中发现的问题限期整改；六是注重防汛信息报送的时效性，做到边报告、边核实、边处置。

●8月19日上午，焦作河务局局长李昊主持召开第11次防汛会商会，贯彻全省防汛工作紧急视频会议精神及河南河务局防汛会商会精神，紧急部署强降雨防范应对工作。要求各单位各部门坚决贯彻落实习近平总书记关于防灾减灾救灾重要讲话指示批示精神，坚持"人民至上、生命至上"，牢固树立底线思维，对于降雨宁可信其有不可信其无，宁可信其强不可信其弱。要充分汲取"7·11""7·20"暴雨洪水经验教训，从最不利情况出发，综合考虑各类不稳定因素，始终保持如履薄冰的态度，继续发扬不畏疲劳、连续战斗的优良作风，把各项防汛工作做细做实。

8月20日 提前做好黄河中下游强降雨防范工作

根据预测，8月21~23日黄河流域将出现一次明显的降雨过程，其中山陕区间中南部、三花区间、下游有大到暴雨，局部大暴雨。为做好强降雨防范工作，按照黄委、省防指部署安排，我市迅速行动，进一步强化防汛责任，落实抓细抓实各项防汛措施。密切关注天气、雨水情变化，及时发布预警信息，提醒做好强降雨防范，确保人员安全。加强工程巡查防守，落实必要防汛料物、抢险设备和队伍，发现险情及时抢护，确保工程安全。建立协调联动工作机制，加强应急值守，共享防汛信息，强化联合会商和信息发布，形成防汛整体合力，确保防汛安全。

●8月20日，黄委派出工作组（工作组：李怀志、李栓才、侯志毅）检查指导沁河强降雨防范工作。

8月21日 省防指发布3号指挥长令

为积极应对8月21~23日出现的新一轮强降雨，8月21日，省防汛抗旱指挥部发布3号指挥长令，要求加强会商预警、修复水毁工程、突出重点防范、组织避险转移、加强带班值守、预置救援力量、严格落实责任，切实做好防汛应急抢险救援工作。

●据预测，受近期强降雨影响，黄河中游干流及支流渭河、汾河、沁河等河流将出现明显涨水过程，部分河流可能发生超警洪水，暴雨区内部分中小河流可能发生超警以上洪水，此次强降雨落区与前期洪涝受灾地区重叠，致灾风险较大。根据当前防汛形势，黄委研究决定，8月21日12时，发布黄河中下游汛情黄色预警，启动黄河中下游水旱灾害防御Ⅲ级应急响应。

●8月21日12时，省防指启动防汛Ⅱ级应急响应，省防指黄河防办启动河南黄河防汛Ⅱ级应急响应。

●8月21日，焦作市防指下发《关于做好暴雨洪水防御工作的通知》，部署相关防范工作。13时，焦作市防指启动防汛Ⅱ级应急响应。

●8月21日18时，焦作河务局启动全员岗位责任制，各职能组人员上岗到位，密切关注水情变化，加强值守，及时处置突发事件。21日晚，焦作河务局召开专题会议，迅速贯彻省局防汛会商视频会议精神，研究部署各项工作，号召市局机关各部门及局属各单位机关人员除防汛值班及必要的工作保障，全部下沉一线开展巡堤查险，为做好本次强降雨防御工作提供技术和人员支撑。

8月22日　机关人员下沉应对强降雨

8月22日7时许，焦作河务局机关87%职工下沉一线，市县局党员干部及业务骨干611余人冒雨驻守在各个防御点，与连夜组织的群防队伍2 080人，合力开展河势工情观测、查险报险工作，确保险情及时发现，抢早抢小。

●8月22～23日，黄委副主任牛玉国深入温县、武陟、博爱、沁阳，看望慰问防汛一线人员，检查指导黄沁河防汛工作，强调要按照防汛Ⅱ级应急响应标准，密切关注水情、雨情、险情，加固堤防、备好物资，对易出现险情的薄弱堤段实施24小时巡查守护，确保一旦发生险情，及时有效处置。

●8月22日，河南河务局副局长程存虎、焦作市纪委书记牛书军、焦作市政协主席杨娅辉分别对沁河防汛工作进行督导。

8月23日　机制不解除　我们不撤退

8月23日，为认真贯彻落实8月22日晚省防指会商会议上楼阳生书记讲话精神和王凯省长工作要求，河南河务局向局属单位转发《省防指办公室关于进一步做好当前防汛工作的紧急通知》，通知要求：

一是切实强化防汛应急值守。各级要继续强化防汛应急值守，全员岗位责任制解除前，各级各工作组要继续保持全员在岗在位，按照职责分工做好相关工作。二是切实加强会商研判。各级要密切关注水、雨情变化，加强会商研判调度，按照"宁可十防九空、不可失防万一"的原则，提前进行安排部署，牢牢把握防汛主动权。三是切实加强工程巡查防守。继续按照河务职工和群防人员1:3的比例落实巡查队伍，加强巡查频次，备足抢险料物和设备，一旦发现险情确保快速到位，迅速抢护，确保不发生较大险情。四是切实加强雨毁工程核查修复。各级要及时核查上报工程雨毁情况，并抓住降雨间歇黄金期抓紧开展修复加固，确保洪水期发挥工程效益。

8月24日至25日　汛情平稳　各级相继解除应急响应

黄河中下游强降雨过程逐渐停止，目前黄河中下游汛情整体平稳。8月24日8时，黄委终止黄河中下游水旱灾害防御Ⅲ级应急响应，转入正常防汛工作状态。

●8月25日12时起，省防指终止省级防汛Ⅱ级应急响应；20时起，焦作市防指终止防汛Ⅱ级应急响应；18时，焦作河务局结束全员岗位责任制，转入正常防汛值守状态。

8月27日　做好新一轮强降雨防范工作

根据预测，8月28~29日，黄河中游泾渭河、北洛河、三花区间及黄河下游有中到大雨，局部暴雨。8月30日至9月1日，黄河中游中南部和下游有中到大雨，局部暴雨。

8月27日，河南河务局转发黄委《关于做好黄河中下游强降雨防范工作的通知》，要求各单位全面落实各项防汛责任，强化应急值守，密切关注雨水情变化；加强工程巡查，发现险情及时抢护，抢早抢小，同时做好雨毁普查和修复，确保工程安全。

8月28日　"五个进一步"做好强降雨防范

为切实做好强降雨防范应对工作，我市按照8月28日省防指黄河防办印发的《关于做好黄河中下游强降雨防范工作的通知》，落实"五个进一步"做好强降雨防范工作。

进一步强化防汛责任落实。坚决杜绝麻痹思想和松懈心理，严格执行24小时防汛值班和带班制度，强化岗位责任制、班坝责任制等各项防汛责任制，切实做好强降雨防范工作。

进一步加强会商研判。密切关注天气和雨水情变化，全面掌握汛情动态，加强会商研判，提前预筹应对措施。

进一步加强工程巡查防守。加强巡查力量，加密巡查频次，每处靠河工程明确一名科级干部驻守，落实大型抢险设备，备足抢险料物，做到险情早发现早抢护，确保防洪工程安全。

进一步强化涉水安全管理。加强河道巡查和涉河项目监管，做好涉水作业人员和施工设施、设备的安全撤离工作；及时向沿黄、沁群众发送预警信息，确保人员生命安全。

进一步强化应急值守。加强防汛24小时带班值班制度，及时通报汛情和防汛信息，随时处置防汛应急突发事件。

8月29日　省市防指启动防汛Ⅳ级应急响应

据预测，未来一周我省多降水天气，8月28~31日西部和中北部将有大到暴雨。8月29日，省委书记楼阳生主持召开全省防汛工作视频会议，分析研判近期雨情水情，安排部署下一步防汛工作。省长王凯作工作部署。

就做好防汛工作，楼阳生指出：一是严守底线；二是精准研判；三是提前避险；四是应急抢险；五是压实责任；六是靠前指挥。王凯指出，一要严防出现人员死亡；二要严防山洪地质灾害；三要严防新增危房和受损房屋倒塌；四要严防城市内涝；五要严防农田大面积内涝；六要严防蓄滞洪区二次受灾；七要严防旅游场所发生意外事故。

为切实做好本轮降雨过程防范应对工作，省防指决定自8月29日12时启动防汛Ⅳ级应急响应。

焦作市防指经过应急、水利、气象等单位共同会商研判并报市领导同意，决定自8月29日14时启动防汛Ⅳ级应急响应。

8月30日　黄委启动黄河中下游水旱灾害防御Ⅳ级应急响应

8月29~30日，伊洛河流域普降中到大雨，个别站暴雨。伊河东湾水文站29日

17时24分洪峰流量达1 440立方米每秒，为2011年以来最大值；30日14时，东湾水文站实时流量1 040立方米每秒，且流量仍在上涨。黄河、伊洛河防汛形势严峻。黄委经研究决定，发布黄河中下游汛情蓝色预警，并于30日16时启动黄河中下游水旱灾害防御Ⅳ级应急响应。

●近日，总理李克强对做好秋汛防御工作做出重要批示，国务委员王勇提出明确要求。国家防总副总指挥、水利部部长李国英主持会商，对秋汛洪水和台风强降雨防御进行安排部署。根据预测，今年"华西秋雨"明显，加之台风影响，秋汛形势复杂。

8月30日，水利部办公厅专门发出通知，对进一步做好水旱灾害防御工作提出要求。黄委、河南河务局逐级转发，要求高度重视当前黄河防汛工作。现在河南灾情还没有完全过去，疫情刚有好转，仍需保持高度警惕，严格落实上级要求，做好防汛再部署、再动员，压实各项防汛责任，加强会商研判，加强工程巡查防守，加强涉水安全管理，加强防汛应急值守和信息报送，全力以赴做好秋汛洪水防御工作。

●8月30日，河南省副省长武国定、省水利厅厅长孙运锋、河南河务局党组书记司毅铭、省应急厅二级巡视员何景利一行先后到丹河入沁口、水南关、亢村闸、五车口险工等工程，调研沁河防汛及水毁修复工作。

●根据当前汛情，焦作河务局自8月30日20时起启动全员岗位责任制。

8月31日　紧绷防灾之弦　加强工程防守

受强降雨影响，8月31日16时花园口水文站流量达1 460立方米每秒，预计后期可能仍会加大。焦作河务局市县局按照防汛责任，全员上岗到位，落实各项防汛措施。严守带班值班制度，将水情信息及时通报相关地区和部门，提前发送预警信息。及时排查涉水生产安全隐患，加强河道巡查，严格按照"关、降、停、撤、拆、转"的要求，第一时间封闭进滩上堤道路，关闭旅游景区，拆除辖区内浮桥，停止跨河项目施工，撤离施工设备，做好危险区域人员转移避险工作，确保人员安全。加强各类工程巡查，遇强降雨和洪水时加密频次，特别关注长期雨水浸泡造成的边坡失稳等险情。做好抢险各项准备，备足抢险物资、设备，抢险队伍随时待命，做到险情早发现、早抢护。

9月1日　雨中督查护河安

8月31日至9月1日凌晨，焦作河务局纪检组长兰永杰带队督查一线班组防汛值守情况。督查采取"四不两直"形式，分别抽查了开仪、大玉兰、马铺、白马沟、北阳、三阳6个班组，通过查看值班日志、拨打带班领导及职能组值班电话等方式了解各单位全员岗位责任制落实情况；要求各单位克服松懈麻痹思想，进一步加强值守巡查，确保工程安全、行洪顺畅。

9月1日，焦作市委督查室督查沁河堤（朱原村）值守情况。

9月1日晚，河南河务局纪检组到老田庵班组检查防汛值班值守，查看值班记录，询问值班人员雨水情和工程情况。

9月2日　降雨仍将继续　防范还需加强

根据预测，9月3~6日，黄河中游山陕区间、渭河、北洛河、伊洛河将出现明显涨水过程。水利部办公厅、黄委、河南河务局先后下发通知，对做好强降雨防范工作提出具体要求：一要进一步提高思想认识，压实防汛责任，滚动会商，及时发布预警；二要严肃防汛纪律，严格执行24小时值班带班制度，加强工程巡查，强化信息报送，确保工程安全；三要做好野外工作人员强降雨防范工作，确保工作人员安全；四要强化涉水安全管理，提醒地方做好安全防范措施，做好人员转移避险工作，确保人员安全。

9月3日　主动防范　严守底线

根据气象预报，9月3日夜里到4日我省淮河以北还有一次明显降水过程，北部和中东部有大到暴雨，局部大暴雨，并伴有短时强降水、短时大风等强对流天气。省委省政府高度重视，省委书记楼阳生做出批示：请省防指再作部署，应对好3日至6日过程降雨，主动防范，及时避险，严守底线。王凯省长批示：做好应对的各项部署，重在防地质灾害，做好紧急避险，确保不死人。9月1日、2日，武国定副省长连续两次召开全省防汛工作视频会议，进行再安排再部署。为贯彻落实好省领导批示和全省防汛工作视频会议精神，全力做好强降雨防范应对工作，省防指专门发出通知，提出四方面要求：一要加强会商研判调度；二要及时组织转移避险；三要突出重点部位防范；四要强化信息报送工作。

●9月3日上午，焦作河务局局长李杲主持召开第12次防汛会商视频会，对强降雨和洪水防范工作进行安排部署，要求克服麻痹思想，进一步压实责任，加强值班值守、巡堤巡坝查险，落实清滩措施，保障人民群众生命安全。会后，以市防指黄河防办文电向沿河各县（市）防指下发《关于做好强降雨防范工作的通知》。

9月4日　开展防灾避险工作专项督导

9月4日省气象信息快报（2021年第356期）实况信息：9月3日20时至4日11时北中部出现中到大雨，漯河、周口、平顶山、许昌、鹤壁等地出现暴雨，部分地区大暴雨。全省平均降水量28.7毫米，地市平均降水量最大为漯河114.3毫米。王凯省长批示：高度重视地质灾害和道路桥梁建筑物塌方产生次生灾害，该避让的一定避让，该转移的及时转移，确保不死人。周霁常务副省长批示：也转属地政府提早防范几轮降雨的叠加和长期浸泡出现住房、建筑物、河堤和山体的垮塌，要确保群众安全，能转早转！

9月3日晚至4日，焦作河务局局班子成员分别对驻地县局各职能组及一线班组应急值班、靠河工程巡查防守、浮桥采砂船锚固、清滩及涉水安全管理等工作进行检查、督促严格落实防范要求。

9月8日　黄委终止黄河中下游水旱灾害防御Ⅳ级应急响应

9月8日18时，黄委终止黄河中下游水旱灾害防御Ⅳ级应急响应，转入正常防汛工作状态。同时，黄委要求各级各单位继续密切监视天气变化，统筹做好后汛期雨情水情预测预报、水库安全度汛、工程巡查防守、淤地坝安全运行、山洪灾害防御等工作，确保黄河安全度汛。

●自9月8日18时起，焦作河务局结束全员岗位责任制，转入正常防汛值守状态。

9月16日　新一轮强降雨来袭

9月16日，省气象局发布《重要天气报告2021年第26期》，预计9月18日夜里到19日，我省有明显降水过程，北中部、西部部分地区有暴雨，局部大暴雨。周霁常务副省长批示：请省防办从速通知并督导各地提早防范，特别要加强地质灾害的防范。该转移的群众尽早转移，要确保群众生命财产的安全。武国定副省长批示：

请气象局加密会商研判，提前发布预警，请应急厅以省防指名义作出安排，请农业农村厅指导各地适时收秋。

●9月16日，河南河务局向局属各河务局转发《河南省防汛抗旱指挥部关于做好强降雨防范应对工作的通知》，提出具体工作要求：一是高度重视，克服松懈麻痹思想；二是关注水雨情变化；三是做好巡坝查险工作；四是做好地质灾害防御工作；五是加强防汛值班和值守。

●9月16日，市防指黄河防办下发《关于做好近期黄（沁）河防汛工作的通知》，要求提高政治站位、强化防汛责任制落实、及时发布预警信息、切实做好应急值守、加强巡堤查险、加强检查督查，切实筑牢防御防线。

9月17日　黄委部署黄河干支流近期强降雨防范工作

据预报，受冷暖空气共同影响，9月18~21日，我国西北东部、华北等地将有一次大范围强降雨过程，累计面雨量30~70毫米，其中陕西东南部、山西南部、河南西部北部和山东西北部等地部分地区将有100~150毫米。受其影响，黄河中游干流及支流渭河、汾河、沁河、伊洛河、大汶河等主要河流将出现明显涨水过程，暴雨区内部分中小河流可能发生超警以上洪水。

为全力做好本轮强降雨各项防御工作，9月17日，黄委向山西、陕西、河南、山东四省水利厅转发《水利部办公厅关于做好强降雨防范工作的通知》，对做好近期黄河干支流强降雨防范工作进行再强调、再部署。同时提请相关省水利部门按照通知要求，高度重视本轮强降雨防范，确保人民群众生命财产安全。

●9月17日，省防指办公室组织召开防汛会商会，分析研判雨水情及防汛形势，安排防范应对工作。河南河务局及时传达会商会精神，要求局属单位发挥连续作战精神，积极做好应急值守工作。加强与气象、水文等部门联系沟通，加强会商研判，为防汛决策提供支撑。及时上传下达防汛信息，随时做好迎战突发紧急情况的各项准备。加强河道巡查，做好河势、工程靠溜、滩岸坍塌和工程水位观测。加强巡坝查险，尤其是加强对畸形河势、新修工程、在建工程及前期出险工程的巡查防守，配备防守力量和物资，做好抢险准备，切实做到险情早发现、早抢护，确保防洪工程安全。

9月18日　严防松懈厌战　慎终如始做好防汛救灾各项工作

9月18日，省委书记楼阳生主持召开全省防汛工作视频会议，深入贯彻习近平总书记关于防汛救灾工作重要指示，听取情况汇报，分析研判形势，安排部署防汛工作。省长王凯做具体部署。

就做好防汛救灾工作，楼阳生强调了五点意见：一是保持警醒，关键在防松懈防厌战（越是过程降雨次数多，越不能麻痹大意，越是主汛期接近尾声，越要慎终如始，把应对每一个降雨过程当作大事、要事来抓，以高度重视的态度、严谨细致的作风，做好防汛救灾各项工作，做到雨情一天不止，思想一刻不松，防汛一刻不停）；二是守牢底线，关键在坚决避免人员伤亡；三是提前避险，关键在抓住白天有利时机；四是强化备勤，关键在应急处置要快要准；五是加强指挥，关键在层层压实责任。

●9月18日11时，河南河务局党组书记司毅铭主持召开紧急防汛会商会，传达全省防汛工作视频会议精神，对本轮强降雨防范工作进行安排部署：一要务必高度重视此次洪水过程；二要继续强化会商研判；三要进一步加强工程巡查防守；四要全力做好沁河洪水防御工作；五要坚决防范次生灾害发生；六要全面做好防汛生产安全；七要切实加强应急值守和信息报送。

●根据水情预报，预计9月20日前后黄河下游花园口站将出现3 500立方米每秒量级的洪水过程。9月18日，焦作河务局立即督促辖区两座黄河浮桥管理单位按标准拆除浮桥，并加强对拆除浮桥浮舟的锚固和监管，确保不发生跑舟危及安全。

9月19日　闻汛而动　各级启动应急响应

受9月17日至19日降雨影响，9月19日7时12分，洛河卢氏站洪峰流量2 430立方米每秒；8时，伊河潭头站流量1 760立方米每秒、渭河华县站流量1 360立方米每秒，且流域降雨仍在继续，水势仍在上涨，小浪底、故县、陆浑等水库均已超汛限水位，正在拦洪运用，黄河中下游防汛形势严峻。按照《黄河水旱灾害防御应急预案（试行）》规定，黄委研究决定，发布黄河中下游汛情蓝色预警，自9月19日10时起启动黄河中下游水旱灾害防御Ⅳ级应急响应。

根据降雨情况和汛情发展，省防指自9月19日8时启动防汛Ⅳ级应急响应；省防指黄河防办自9月19日10时启动河南黄河防汛Ⅳ级应急响应；焦作市防指自9月

19日10时启动防汛Ⅳ级应急响应。

●9月19日，焦作市委常委、市纪委书记、市监委主任牛书军一行，检查温县沁河防汛工作。

●9月19日，焦作河务局局长李杲主持召开第13次防汛会商会，贯彻省、市防汛工作视频会及河南河务局工作要求，对当前洪水防御工作进行安排部署，强调各单位各部门要坚决扛稳政治责任，局属各单位一把手要靠前指挥，切实做到守土担责、守土尽责，坚决克服麻痹思想和侥幸心理，扎实有效应对即将到来的洪水。10时，焦作河务局启动防洪运行机制，18时，升级为启动全员岗位责任制。

9月20日　督导不停歇　防御不放松

9月19~20日，河南河务局副局长程存虎带领工作组沿焦作黄（沁）河堤防，实地查看险工险段河势工情，详细检查防汛、备汛及应急处置情况，并就应急防汛值守、协调调度等有关工作与地方政府有关人员进行了交流。

9月19~20日，焦作河务局班子成员持续对驻地县局领导干部带班、机关各职能组值班、一线班组巡查值守、涉水安全管理等工作进行督导。要求严格遵守防汛纪律，抓好安全生产工作。

●9月17日以来，伊洛河、沁河出现明显洪水过程，相关水文站最大流量及出现时间分别为伊洛河黑石关站20日9时2 970立方米每秒，沁河山里泉站19日16时3分765立方米每秒、武陟站20日7时30分515立方米每秒，沁河支流丹河山路坪19日11时42分160立方米每秒。

9月21日　坚守岗位　防汛不停

中秋节代表的不仅仅是平安与团圆，更多的是忠诚与坚守。焦作河务局全体职工在这万家团圆之时，舍小家，顾大家，坚守工作岗位，严格落实全员防汛责任制，全力迎战汛情。

●9月21日，省委书记楼阳生在《22~27日黄河流域中下游有持续性较强降水请加强防范》（黄河流域重要气象信息第14期）上批示：上一轮过程降雨，有散发性地质灾害造成人员死亡。各市县仍然要高度重视下一过程降雨，避险工作要抓早抓到位。

就贯彻落实省委书记楼阳生批示精神，焦作市委书记葛巧红批示：请民生同志抓紧安排，市防指密切关注及时研判，坚持底线思维组织群众避险，根据情况随时调度。

●9月21日，河南河务局副局长程存虎先后到温县黄河大玉兰、孟州黄河化工等班组进行慰问，向大家致以节日的问候。焦作河务局市县局领导班子对驻地一线班组进行慰问，向一线职工致以节日问候，并对值班值守、安全生产等工作进行督导。

9月22日 伊洛河洪水平稳过境

9月17~20日，黄河中下游三门峡至花园口干流，泾渭河、伊洛河、沁河、金堤河、大汶河流域普降大到暴雨，部分地区大暴雨。受强降雨影响，渭河、伊洛河、沁河、大汶河出现明显洪水过程。

受本轮强降雨影响，19日7时12分，洛河卢氏水文站洪峰流量达2430立方米每秒；12时48分，伊河东湾水文站洪峰流量达2810立方米每秒；15时3分，沁河山里泉水文站洪峰流量达758立方米每秒。20日20时，渭河华县水文站洪峰流量达2930立方米每秒；22时10分，大汶河戴村坝水文站洪峰流量达1630立方米每秒，黄河中下游面临严峻的防汛形势。

面对黄河干支流严峻秋汛形势，黄委加强黄河中下游干支流水库联合防洪调度，要求各水库管理单位加强高水位运行安全监测，确保工程安全。18日，洛河故县水库、伊河陆浑水库、沁河河口村水库逐步加大下泄流量，为洪水防御腾出库容。为减轻黄河干支流洪水叠加造成的黄河下游防洪压力，小浪底水库进行错峰调度，18日18时压减至流量500立方米每秒下泄，19日11时进一步压减至流量300立方米每秒下泄。通过黄河干支流水库联合防洪调度，花园口水文站21日7时48分洪峰流量3780立方米每秒，实现了花园口水文站不出现编号洪水的既定目标。

●9月22日，河南河务局向局属各河务局转发黄委《关于做好黄河中游强降雨防范工作的通知》，要求做好七个方面的工作：一是压实防汛责任；二是继续强化会商研判；三是切实做好巡坝查险；四是全力做好沁河洪水防御工作；五是加强涉水安全管理；六是加强应急值守和信息报送；七是及时向地方防汛指挥部门通报汛情，提醒地方做好危险区域人员转移避险，确保人民群众生命安全。

●根据当前汛情发展，自9月22日8时焦作河务局由全员岗位责任制转入防洪运行责任制。

9月23日　停！降！关！撤！拆！

9月22日，省委书记楼阳生在省气象局发布的《重要天气报告》（2021年第27期）上批示：请省防指继续调度指挥。重点防范地质灾害造成人员伤亡。省长王凯对防御本轮强降雨过程也提出了明确要求。为认真贯彻落实省委、省政府主要领导批示要求，切实做好本轮强降雨防范应对工作，9月22日省防指下发了《关于做好强降雨防范应对工作的通知》，要求：一要进一步压实防汛责任；二要确保豫北地区防洪安全；三要做好应急避险转移；四要突出抓好地质灾害防范；五要严肃水库防洪调度纪律；六要严防道路交通事故；七要继续加强值班值守。

9月23日，焦作市防指向各县（市）区、防指成员单位转发省防指《关于做好强降雨防范应对工作的通知》，要求认真贯彻省委省政府主要领导批示精神和省防指要求，根据气象部门发出的灾害预警信息，坚决做到该停的要停、该降的要降、该关的要关、该撤的要撤、该拆的要拆，全力以赴做好洪涝灾害和地质灾害防御工作，确保人民群众生命安全。19时，焦作市防指启动防汛Ⅲ级应急响应。

9月24日　思想到位责任到位措施到位
抓实抓细防汛救灾各项工作

根据气象预报，9月24~28日，我省多阴雨天气，部分地区有中到大雨，局地暴雨、大暴雨。9月24日，省委书记楼阳生主持召开全省防汛工作视频会议，深入贯彻习近平总书记关于防汛救灾工作重要指示，就应对新一轮降雨过程进行安排部署。省长王凯做具体部署。

就做好防汛救灾工作，楼阳生提出四点要求：一要强化预报预警，严防造成人员伤亡（要密切监测雨情水情，强化预报预警，坚持抓早抓小抓实抓细，以高度负责精神、有力有效举措，坚决守住不发生群死群伤底线，全力防范散发性伤亡事故发生，真正把"人民至上、生命至上"落实到人）。二要精准调度指挥，确保水利设施安全。三要做好应急备勤，及时排险除患。四要加强组织领导，坚持靠前指挥（各市县党委和政府主要领导要保持高度政治清醒，扛稳属地责任、主体责任，坚守岗位，科学决断，果敢处置，做到思想到位、责任到位、措施到位，全力把损失降到最低）。

●9月24日18时30分，河南河务局党组书记司毅铭主持召开紧急防汛会商会，贯彻全省防汛工作视频会议精神，对当前黄沁河洪水防御工作进行安排部署。会后，焦作河务局迅速进行传达，并提出了贯彻落实的具体意见。

9月25日　黄委转发水利部办公厅相关通知，要求毫不松懈克服厌战情绪　扎实做好秋汛防御工作

近日，国务院总理李克强对应对秋汛工作做出重要批示，胡春华副总理、王勇国务委员提出明确要求。9月25日，黄委向所属相关单位转发《水利部办公厅关于认真贯彻落实国务院领导重要批示精神　扎实做好秋汛防御工作的通知》，并就进一步做好黄河流域秋汛防汛工作提出具体要求：一要高度重视今年秋汛洪水防御工作，各级各单位要毫不松懈，克服厌战情绪，按照主汛期工作机制，落实各项防汛责任，全力做好各项防御工作。二要强化水文监测预报预警，密切监视天气变化，滚动分析研判雨水情发展变化，提高洪水预报精度，延长预见期，及时发布预警信息。三要做好直管工程安全度汛。四要加强涉水安全管理。引导群众远离河道和低洼地带，采取管控措施，及时关闭景区。一线河务和水文职工要严格按照有关规定开展外业工作，确保人民群众和生产人员安全。五要强化防汛抗旱工作协调力度。六要加强信息报送和值班值守工作。各级各单位要继续严格执行24小时值班带班制度，及时报送雨情、水情、工情、险情和水旱灾害防御信息，遇突发事件妥善处置，并及时报告。

●据预报，9月24~26日我省有明显降雨过程，受降雨影响，我省沁河下游将有一次洪水过程。9月25日，省防指黄河防办向焦作、济源防指下发《关于切实做好沁河洪水防御工作的通知》，对沁河洪水防御工作做出部署。

●9月25日晚，省防指黄河防办派出河南河务局副局长刘同凯带队的工作组（成员：王庆伟、于照宇），赴我市防洪一线指导沁河洪水防御工作。

9月26日　紧急部署迎战沁河洪水工作

受9月25~26日降雨影响，黄河三花区间干支流普遍涨水。伊河东湾站25日7时30分洪峰流量1 540立方米每秒，洛河卢氏站25日17时洪峰流量1 420立方米每秒，陆浑水库于25日9时按500立方米每秒下泄，故县水库于25日9时、11时分别按500立方米每秒、1 000立方米每秒下泄，预计伊洛河黑石关站将出现1 500立方米每秒量级的洪峰流量。沁河润城站26日12时洪峰流量1 520立方米每秒，山里泉站26日

15时洪峰流量2 210立方米每秒，河口村水库于25日20时至26日18时由600立方米每秒逐步加大下泄流量至1 800立方米每秒，预计武陟站将出现2 000立方米每秒量级的洪峰流量。伊洛河、沁河洪水与黄河干流来水汇合，经水库联合调度后，预计花园口水文站将于27日出现4 000立方米每秒量级的洪水过程，并将持续一周以上时间，黄河下游防汛形势十分严峻。

9月26日，黄河防总派出由黄委副主任周海燕带队的工作组（成员：张喜泉、马志远、孙国勇）检查督导沁河洪水防御工作。

9月26日11时30分，省防指黄河防办组织召开由应急、水利、河务、气象部门参加的会商会，分析研判沁河水情，对迎战沁河洪水做出安排部署。15时30分，河南河务局王晓东副局长主持召开省市县河务局紧急防汛会商会，宣布18时河南河务局启动全员岗位责任制，对沁河洪水防御工作进行安排部署。当天晚上，河南河务局督查组对焦作市县河务局及一线工程班值班值守情况进行了电话督查，情况良好。

●9月26日，市防指黄河防办向沿河县（市）防指发送《关于迎战沁河洪水工作的紧急通知》，部署沁河洪水应对工作；焦作河务局向局属河务局下发《关于做好沁河水情观测工作的通知》《关于做好沁河洪水期间视频监控工作的通知》等。13时，焦作河务局启动全员岗位责任制。

9月27日　黄河接连出现编号洪水　黄委动员全河绷紧防灾弦

受近期降雨影响，黄河中下游干支流发生较大洪水，黄河潼关水文站9月27日15时48分出现5 020立方米每秒的洪峰流量，依据《全国主要江河洪水编号规定》，为黄河2021年第1号洪水；经水库群联合防洪调度后，花园口水文站27日21时流量达到4 020立方米每秒，达到洪水编号标准，形成黄河2021年第2号洪水。黄河支流伊洛河、沁河出现明显洪水过程。伊洛河黑石关水文站27日6时30分洪峰流量1 560立方米每秒，沁河武陟水文站27日15时24分洪峰流量2 000立方米每秒。

9月26~27日，黄委主任汪安南连续主持召开防汛会商，滚动分析研判流域雨水情趋势，讨论黄河干支流水库调度方案，部署应对本轮洪水防御工作，并视频连线前方工作组了解沁河洪水防御情况，抽查重要水库带班值守情况。强调，全河上下要紧急动员起来，切实提高政治站位，坚决贯彻落实习近平总书记防汛救灾工作重要指示精神，认真贯彻李克强总理对应对秋汛工作做出的重要批示，按照水利部李国英部长对秋汛工作的部署，始终把保障人民群众生命财产安全放在第一位，立足

"防大汛、抢大险、抗大洪、救大灾"，克服麻痹松懈思想，继续绷紧防灾之弦，坚决打赢本次洪水防御攻坚战，以实际行动践行"两个维护"。

●9月27日12时起，黄委将黄河中下游水旱灾害防御应急响应由Ⅳ级提升至Ⅲ级，省防指黄河防办将河南黄河防汛Ⅳ级应急响应至Ⅲ级；20时水利部启动了水旱灾害防御Ⅲ级应急响应。

●9月27日，国家防总秘书长、应急管理部副部长兼水利部副部长周学文率国家防总工作组，到武陟县检查指导黄（沁）河防秋汛工作，黄委副主任苏茂林、周海燕，河南河务局副局长刘同凯等陪同检查。

●9月27日，焦作市委常委、市纪委书记、市监委主任牛书军，到武陟县、温县、沁阳市督导防汛工作。

●9月27日，我市按照沁河2 000立方米每秒量级洪水进行布防，密切关注水情、雨情、工情发展变化，每2小时一次发布最新汛情信息，强化风险防控，对12座沁河涵闸提前进行围堵，每处涵闸落实一名副县级干部驻守和150人的护闸队；密切关注龙泉、阳华两处缺口和沁北滞洪区水际边线；应急机动抢险队在重点防守工程集结待命；落实1万余名群防队伍上堤防守，加强巡堤（坝）查险和水位河势观测，发现险情及时抢护，抢早抢小。

9月28日　省防指发布4号指挥长令

受近期持续强降雨影响，黄河中下游干支流普遍涨水，于9月27日先后形成两次编号洪水，据预报预测，黄河流域秋汛将延续到10月。当前黄河花园口流量已达到4 600立方米每秒量级洪水，沁河武陟站流量已达到2 000立方米每秒量级洪水、为1982年以来最大洪水。为积极应对河南黄河、沁河洪水，切实保障人民群众生命财产安全，9月28日，河南省防汛抗旱指挥部发布4号指挥长令。命令要求：一要压实各项防汛责任；二要加强防汛会商研判；三要全力做好工程巡查防守；四要全力做好滩区运用准备；五要全面预置救援力量；六要严肃各项防汛纪律。

●9月28日，水利部防御司副司长张长青带队检查指导沁河防汛工作，到沁河入黄口、老龙湾险工逐一检查，对沁河工程予以肯定，强调继续努力，确保洪水顺利过境。

●9月28日，省委常委、省纪委书记、省监察委员会主任曲孝丽一行检查河口村水库及沁阳水南关防汛值守情况。

●9月28日，黄委督查组对北阳班和五车口班值守点值班情况进行检查。

●9月28日凌晨，焦作河务局局长李杲主持召开第14次防汛会商会，传达水利部部长李国英、黄委主任汪安南、河南河务局党组书记司毅铭在9月27日会商会议上的讲话精神，安排部署辖区黄沁河洪水防御工作，要求重点做好防汛责任制落实、工程巡查防守、险情抢护、滩区群众撤离准备、涉水安全管理和防汛宣传与信息报送等方面工作。会后，在确保各职能组正常运转的情况下，组织市局机关及二级机构86名干部职工下沉一线班组，充实巡坝查险力量。同日，向焦作市人民政府上报焦作黄（沁）河防汛有关情况报告。

9月29日　省防指紧急部署黄河洪水防御工作

9月29日0时潼关站洪水流量5 900立方米每秒，花园口站洪水流量4 800立方米每秒，黄河迎来入汛最大洪水过程。预计花园口站4 700立方米每秒洪水过程将持续一周以上时间，小浪底水库库水位将达271米左右，后期可能运用至275米，黄河防汛进入关键阶段。为切实做好本次洪水防御，确保黄河防洪安全，省防指发出紧急通知，要求沿黄各市防指，一要进一步压实压紧防汛责任，二要强化河道工程巡查防守，三要确保小浪底水库防洪运行安全，四要确保滩区群众安全。

9月29日，王凯省长在《关于近期黄河洪水防御工作情况的报告》上做出批示：赞同办公室采取的工作举措，认真贯彻习近平总书记重要指示精神，坚持人民至上、生命至上，加强科学研判、科学调度，加强巡查防守，确保控导工程不跑坝，河势不改变，滩区不漫滩，大中小水库安全，沿黄各市县（区）要协同作战，确保黄河防洪安全。

9月29日，武国定副省长与沿黄地市政府主要负责人通电话，要求：确保小浪底水库高蓄水位条件下的库区安全，防范地质灾害；确保下游生产堤的安全，保证洪水不上滩，滩区不死人；确保黄河大堤的安全、工程的安全。

●沁河武陟站2 000立方米每秒洪水顺利过境，共造成我市沁河滩区淹没面积4.805万亩；黄河潼关站于29日23时出现7 480立方米每秒洪峰流量，为1988年以来最大洪水。

●9月29日，省防指派出由省应急管理厅副厅长吴文带队的应急、河务、水利部门组成的防汛联合第一督查组进驻焦作督导黄沁河防汛工作。

●9月29日，市防指下发《关于进一步做好黄（沁）河清滩工作的通知》，对省防指4号指挥长令进行再贯彻、再落实，要求沿河县（市）防指严格清滩范围，加强道路交通管制；强化民众意识，加强防洪避险宣传，确保防洪工程和人民群众生命安全。29日晚，焦作河务局局长李杲主持召开第15次防汛会商视频会，贯彻当天黄委、河南河务局防汛会商会精神，安排部署近期黄沁河洪水防御工作。

9月30日　国家防办部署做好国庆假期秋雨秋汛防范工作

据气象预测，国庆假日期间我国陕西、山西中部、黄河小北干流、三花区间、泾渭河等多地有中到大雨，部分地区有暴雨。9月30日，国家防办向相关省（区、市）防指下发通知，要求各地认真贯彻习近平总书记关于防汛救灾工作重要指示精神，严格落实李克强总理等国务院领导关于秋汛防范工作重要批示要求，切实增强风险意识，树牢底线思维，继续保持高度戒备，发扬连续作战精神，落实落细各项工作措施，确保度汛安全。

●经请示省政府领导同意，自9月30日12时起，省防指将黄河防汛Ⅳ级应急响应提升至Ⅲ级。

30日下午，河南河务局局长张群波主持召开省市县局防汛会商会，分析研判汛情，进一步安排部署当前黄沁河防御工作：一是全局进入紧急战时防汛状态；二是进一步加强巡查防守；三是提前预筹加固措施；四是提前做好抢险准备；五是督促地方政府细化实化滩区群众迁安撤离方案；六是全力确保人员安全；七是做好宣传报道，营造良好舆论氛围。张群波强调，要围绕守住目标，无条件做好"抢险照明通电、抢险车辆待命、车辆满载土石、机动抢险队集结待命"重中之重备汛工作。

●9月30日，焦作河务局参加市防指召开的防汛会商会，与电业、通信等职能单位沟通协调架设应急电源及通信保障等工作；调集武陟第一河务局10人、温县河务局5人、博爱河务局5人共20名机动抢险队员，支援武陟县花坡堤险工抢险加固；为防止群众假期进滩游玩、作业等造成人身危险，协调市防指督促各县（市）防指进一步做好交通管制和清滩管理，加密在进滩路口设置关卡，增设安全警示标志，向沿黄沿沁群众发布防洪避险预警信息，及时劝阻群众，坚持生命至上、避险为要，确保人员安全。

10月1日　取消休假战秋汛

面对黄河下游历史罕见的秋汛，在这个国庆假期，焦作河务局全体动员，放弃休假，坚守工作一线，全力做好秋汛防御工作，在守护黄河安澜的实战考验中践行初心和使命。

●10月1日王凯省长在《关于近期黄河洪水防御工作情况的报告》上做出批示，要求加强会商调度，强化巡查值守，备足应急力量和物资，确保黄河安澜。就贯彻落实王凯省长批示精神，省防指黄河防办专门下发通知，进行具体工作部署，要求全力做好黄河洪水防御工作。

●10月1日，焦作市委副书记、市长李亦博到温县、武陟县检查黄沁河防汛工作。实地察看黄河大玉兰控导、驾部控导、花坡堤险工工程运行情况，听取全市防汛抗洪情况汇报，详细询问险工险段、薄弱环节巡查排查情况和应对措施，要求发扬连续作战精神，加强分析研判，突出重点部位，落实好各项应对措施，确保防汛万无一失。

●10月1日，黄委和河南河务局分别安排机关4名和3名职工下沉焦作一线参加黄河防汛任务。

●10月1日20时，焦作河务局局长李杲主持召开第16次防汛会商视频会，贯彻水利部部长李国英、黄委主任汪安南、副省长武国定、河南河务局局长张群波等关于秋汛防御工作的最新要求和具体部署，动员全局干部职工按照"系统、统筹、科学、安全、依法"原则，落实"三个确保"，做到"五个坚决"，全力以赴打赢河南黄河秋汛防御这场硬仗，确保人民群众生命财产安全。同时，传达李国英部长对国庆假期坚持在一线的干部职工表示感谢。

10月2日 贯彻落实水利部会商会议精神
扎实做好黄河秋汛洪水防御工作

10月2日，黄委向委属单位下发《关于贯彻落实水利部会商会议精神 扎实做好黄河秋汛洪水防御工作的通知》，对水利部防御司《关于迅速落实水利部会商会议精神的函》和水利部办公厅《关于做好强降雨防范工作的通知》进行贯彻，并结合实际，要求重点做好以下工作：一是加强黄河下游防守；二是有序降低水库水位；三是持续做好"四预"工作；四是加强直管工程防守力量；五是做好新一轮暴雨洪水防御准备。

●10月2日，黄委人事局副局长程领带队督导武陟、孟州黄河防汛工作。

●10月2日，按照上级部署，为防范可能发生的漫滩威胁，确保滩区群众生命安全，我市沿黄沁各县（市）防指按照预案，提前做好本辖区迁安救护各项准备工作；为保障工程抢险和紧急调用需要，各县河务局结合铅丝储备情况，立即组织开展铅丝网片编制工作，每日将进展情况逐级报至河南河务局防办。

10月3日　进一步加强防洪工程抢险工作

为降低洪水风险和灾害损失，打赢本次秋汛洪水防御攻坚战，10月3日，河南河务局转发黄委《关于进一步加强防洪工程抢险工作的通知》，要求各单位坚持底线思维，及时处置防洪工程险情，做到抢早、抢小。焦作河务局结合辖区实际，具体落实五方面要求：一要精准分析，及时处置。二要强化工程巡查，将巡查责任细化到具体坝垛和人员，同时配备必要的巡查设备。三要加强重点工程和部位的防守。四要统筹兼顾，科学处置。五要强化抢险流程管理。

●10月3日，黄委副主任徐雪红带队的黄河防总工作组（成员：李建培、何晓勇）进驻焦作检查指导黄河抗洪抢险工作。

●10月3日，焦作市委书记葛巧红主持召开全市防汛工作视频调度会议，传达贯彻全省会议精神和省长王凯讲话精神，对我市应对本轮汛情及安全稳定等工作进行安排部署。

●10月3日21时，焦作河务局局长李昊主持召开第17次防汛会商视频会，贯彻落实全省和河南河务局防汛会商会精神，对抢险照明线路架设、清滩与路口把守、巡查记录规范、薄弱工程除险加固、防汛料物补充和防汛宣传等17个方面工作进行强调和安排。

●10月3日，焦作河务局选取市县局经历过大洪水、有丰富抢险经验的18名技术专家，担任工程巡查防守技术专责，加强工程巡查防守技术指导，接受上级和本级的统一调度，随时支援防汛抗洪抢险工作，并组织全局15台无人机"齐上岗"，助力大洪水期间河道巡查。

10月4日　省防指规范加强黄河秋汛巡查防守工作

10月4日，省委办公厅、省政府办公厅紧急下发《关于加强黄河秋汛洪水防御工作的紧急通知》。

同日，省防指根据省委、省政府主要领导安排，为实现"确保不漫滩、确保不决口、确保不死人"的防秋汛目标，依据《河南省黄河防汛条例》《河南省黄河巡堤查险办法（试行）》，下发《河南省防汛抗旱指挥部关于加强黄河秋汛巡查防守工作的紧急通知》（豫防指电〔2021〕53号），就加强黄河秋汛巡查防守工作提出要求。一方面，明确了"巡查防守工作实行行政首长负责制，沿黄各省辖市、济源示范区政府承担统筹领导责任；县级政府承担属地主体责任；河务部门承担工程管理和技术支撑职责；应急、水利、消防救援、电力等其他成员单位承担相应职责"。另一方面，明确了河道工程、偎水生产堤的巡查防守工作要求。包括巡查单位划分，巡查内容，应配备的巡查人员、抢险机械、照明设备、帐篷、巡查工具、安全救生工具及预置消防救援队伍数量等。

●10月4日，国家防总副总指挥、水利部部长李国英主持防汛专题滚动会商，视频连线水利部黄河水利委员会，进一步分析研判黄河秋汛洪水形势，对防御工作进行再部署。

●10月4日10时，省委书记楼阳生主持召开全省防汛工作会商调度会，会商研判黄河汛情，安排黄河秋汛防御工作。省长王凯做具体部署。17时，武国定副省长主持召开黄河防汛紧急视频会议，贯彻落实省委、省政府主要领导同志会议要求，安排部署当前黄河秋汛洪水防御工作。

●10月4日21时，河南河务局局长张群波主持召开全局紧急防汛视频会议暨2021年第85次防汛会商会。会议传达了水利部部长李国英、省委书记楼阳生、省长王凯、副省长武国定关于黄河秋汛防御工作的讲话精神，安排部署贯彻落实措施，号召全局党员干部职工以决战姿态坚决打赢黄河秋汛洪水防御决战。

●10月4日晚，焦作市防指向沿黄三县（市）防指下发《关于分解落实〈河南省防汛抗旱指挥部关于加强黄河秋汛巡查防守工作的紧急通知〉任务的通知》（焦防指明电〔2021〕69号），贯彻落实省防指53号文电精神，对焦作黄河巡查防守、人员安排、设备配置、抢险组织、夜间照明设备架设等工作细化明确了责任部门和工作要求。沿黄三县（市）迅速行动，连夜落实到位。

10月5日　党旗引领战旗　成立决战秋汛临时党支部

10月4日晚，焦作河务局局长李杲召开第18次防汛会商视频会，对黄沁河秋汛防御工作进行再安排、再部署、再落实，并决定成立焦作河务局决战黄河秋汛临时党支部和决战沁河秋汛临时党支部，以党旗引领战旗，筑牢战斗堡垒，决战秋汛防御。临时党支部由市局驻守工作组、市县局机关下沉人员和一线职工中党员组成，以黄沁河一线班组为基地，分别成立临时党小组，积极开展组织生活、业务经验交流等活动，在防汛"大考"中锤炼党员本色，在决战秋汛中淬炼初心使命，持续强化组织功能、建强党员队伍，进一步引导党员干部职工在防汛抗洪一线争当先锋、做好表率，切实把党组织的战斗堡垒作用和党员先锋模范作用发挥出来，为坚决打赢秋汛防御攻坚战提供坚强组织保证。

●10月5日下午，黄河防总总指挥、河南省省长王凯主持召开黄河防总防汛会商视频会议，专题研究部署黄河洪水防御工作，提出明确要求。黄河防总常务副总指挥、黄委主任汪安南做出具体部署。

●10月5日，焦作市委书记葛巧红到沿黄的武陟、温县、孟州部分控导工程，看望慰问坚守一线的防汛抢险人员，检查督导黄河防汛工作。焦作市委副书记、市长李亦博主持召开全市黄（沁）河防汛工作视频调度会议，传达贯彻近日全省防秋汛有关会议精神，对近期黄（沁）河秋汛洪水防御工作进行再安排再部署。焦作市委常委、市纪委书记、市监委主任牛书军到温县检查黄河防汛工作。

●10月5日22时，河南河务局党组书记司毅铭主持召开防汛会商会议，传达黄河防总会议精神，听取各市局巡查情况、险情抢护、除险加固等工作汇报，对当前各项洪水防御工作进一步安排部署。

●10月5日，焦作河务局先后转发省防指黄河防办《关于加强与驻豫部队对接的通知》和河南河务局《转发黄委关于贯彻落实水利部会商会议精神扎实做好当前洪水防御工作的通知》《转发黄委关于进一步加强黄河下游防洪工程巡查防守的通知》等。

10月6日　部署迎战黄河2021年3号洪水工作

受渭河、黄河北干流来水共同影响，10月5日23时，黄河潼关站流量涨至5 090立方米每秒，形成2021年黄河第3号洪水。10月6日，省防指向沿黄地市防指、省防指成员单位下发《关于迎战黄河3号洪水的通知》，传达黄河防总办有关通知精神，对本次编号洪水防御工作进行部署，要求重点做好五方面工作。一是进一步提高政治站位；二是加强巡堤查险；三是做好危险区群众撤离准备；四是加强涉河安全管理；五是加强宣传与信息报送。

●10月6日，国家防总副总指挥、水利部部长李国英主持召开防汛会商视频会，进一步分析研判秋汛洪水形势，深入部署防御工作。李国英强调，要坚决贯彻习近平总书记关于防汛救灾工作的重要指示精神，认真落实李克强总理重要批示要求、高度重视、高度警惕，毫不松懈、毫不轻视，强化岗位、强化责任，精准调度、精准防御，确保实现"人员不伤亡、水库不垮坝、重要堤防不决口、重要基础设施不受冲击"防御目标。水利部副部长刘伟平、黄委主任汪安南参加会商。

●10月5~6日，水利部监督司副司长曹纪文带领督导组现场督导武陟沁河老龙湾、大樊、五车口险工，黄河驾部控导和孟州黄河防汛工作，河南河务局副局长刘同凯、二级巡视员吴东平等陪同检查。

●10月6日上午，焦作市委副书记、市长李亦博到孟州化工控导工程检查防汛工作。下午，焦作市委常委、市纪委书记、市监委主任牛书军到武陟老田庵控导工程检查黄河防汛工作。

●10月6日21时，河南河务局局长张群波主持召开防汛会商视频会，传达当天下午武国定副省长检查黄河防汛工作时的指示要求，就进一步落实省防指53号文电要求，安排部署下步工作。

●10月6日，焦作河务局先后转发河南河务局《关于做好近期大流量过程洪水防御工作的通知》和省防指黄河防办《关于进一步加强黄河秋汛巡查防守工作的补充通知》《关于紧急补充抗洪抢险物料的通知》等。

10月7日　县级黄河抗洪抢险前线指挥部成立

按照省防指黄河防办10月6日下发的《关于成立黄河抗洪抢险前线指挥部的通知》（豫防黄办电〔2021〕115号）要求，焦作沿黄（沁）河五县（市）分别成立黄（沁）河抗洪抢险前线指挥部，由党政责任人坐镇指挥，坚决打赢黄（沁）河秋汛洪水防御这场硬仗。

●10月7日9时，受干支流来水共同影响，黄河中游潼关站流量涨至8 350立方米每秒，超过警戒流量3 350立方米每秒；小浪底水库复涨至270.58米，超过汛限水位22.58米；花园口流量4 840立方米每秒。据水利部门预报，黄河中游潼关及下游孙口以下河段将继续超警，小浪底水位将逼近设计水位，黄河下游仍将持续较大流量。

针对黄河中下游秋汛形势，国家防总于10月7日12时将防汛Ⅳ级应急响应提升至Ⅲ级。

●10月7日上午，水利部监督司副司长曹纪文带队的工作组到温县督导黄河防汛工作。

●10月7日，王凯省长在《关于黄河秋汛洪水防御工作情况的报告（五）》（黄防总办汛电〔2021〕39号）上做出批示：联合会商研判要加强，科学调度要加强，巡查值守要加强，应急处险预置要加强，确保黄河安全。

●10月7日，黄委下发《关于委属单位和机关部门增派人员下沉一线参加防汛值守有关事项的通知》，要求接收单位与下沉人员做好对接工作，配备必要的巡堤查险工器具和防护设备，做好安全防护工作。同时，安排黄河勘测规划设计研究院有限公司11名职工下沉焦作一线参加黄河防汛任务。

●10月7日，黄委人事局局长来建军检查孟州、温县黄河防汛工作。

●10月7日21时，河南河务局局长张群波主持召开防汛会商视频会，传达刚刚结束的黄委防汛会商会精神，对当前防汛工作再强调、再安排、再部署，要求：一要坚定坚决把巡查防守要求落细落实落地；二要毫不犹豫加大除险加固力度；三要深入细致强化下沉一线人员管理；四要正面引导加强宣传和舆情监控；五要科学安排充分做好打持久战准备。

●10月7日，河口村水库工程防汛指挥部向各防指成员单位发送《关于做好河口村水库高水位运行应对工作的紧急通知》，通报10月5~6日，山西张峰水库上游流域发生强降雨，7日6时许张峰水库下泄流量1 139立方米每秒，加上区间来水，河口村入库流量将达到1 300立方米每秒。为降低黄河中下游防洪压力，根据黄河防总要求，河口村水库水位可能加大蓄水至285米，将超过建库以来最高水位279.67米。为保障防汛安全，特对做好河口村水库高水位运行安全度汛措施进行部署。

●10月7日，焦作河务局根据省防指53号文电要求，对焦作沁河巡查防守工作进行细化与明确，下发《关于明确沁河巡查防守有关要求的通知》（焦黄防办电〔2021〕104号）。

●10月7日，焦作河务局工会到沿黄沁河防洪工程一线，为一线职工发放御寒服装。

10月8日 各级持续开展防汛督导工作

黄委副主任徐雪红带队的黄河防总工作组、省应急管理厅副厅长吴文带队的省防指第一督查组、河南河务局副局长刘同凯带队的省防指黄河防办工作组及焦作市防汛联合督查组等持续在焦作各地督导黄沁河洪水防御工作。

期间，徐雪红检查了沿河县（市）黄河秋汛洪水防御工作及值班值守情况，并召开黄沁河防汛督导会商会，就督查发现的问题提出整改要求，要求自查自纠工作不间断，发现问题快速响应，推动防汛工作走深走细。吴文一行围绕省防指53号文电和115号文电要求，逐项对照检查了各县（市）黄河秋汛防守工作落实情况。刘同凯一行检查了黄沁河防汛工作及重点防洪工程防守措施。焦作市常务副市长李民生带领市委办、市水利局等部门负责同志到博爱、沁阳等地检查指导沁河防汛工作。

●10月8日，王凯省长在《2021年黄河秋汛形势和气象服务情况的报告》（黄河流域气象中心《黄河流域重要气象信息》2021年第18期）上做出批示：今年汛期延长，相关工作特别是工作安排部署、人员值班值守、应急处置预置等要全面跟进，全力以赴打好全年防汛最后一仗。

●10月8日，武国定副省长在《河南黄河防汛动态》（第22期）上做出批示：请沿黄各市做好打持久战的准备，可安排板房作休息室。巡堤人员一定要责任到人，轮班值守公示上墙。办公室加强抽查暗访。对落实不到位的要通报批评，情节严重的要追责问责。

●10月8日18时45分，焦作河务局局长李杲主持召开第19次防汛会商视频会，就贯彻落实黄委防汛督查组检查发现问题整改，进一步安排部署当前秋汛洪水防御工作，特别是工程巡查防守工作。

23时20分，焦作河务局局长李杲主持召开第20次防汛会商视频会，迅速贯彻落实河南河务局防汛会商会议精神，再次强调工程除险加固、铅丝网片编制、预置抢险队伍、抢险夜间照明线路架设等12个方面的工作。号召全局党员干部职工将做好本次秋汛洪水防御工作作为最好的党性锻炼，吹响决战时刻的冲锋号，坚决打赢黄河秋汛防御攻坚战。

10月9日　规范加强一线巡查防守工作

按照10月8日焦作河务局防汛会商视频会议要求，市局各部门各单位积极响应，迅速行动，对照会议既定任务和要求，一项一项去盯紧，一项一项去抓落实，进一步规范加强一线巡查防守工作。

一、防办向各单位发送《关于规范填写一线观测记录的通知》，对《防汛值班日志》《河势工情观测日志》《河势工情巡查记录》等六种观测记录本的填写进行统一规范。

二、县局将黄委、河南河务局下沉人员编入一线巡查队伍，归县局统一管理，参与巡堤查险，并在巡查记录上签字；各班组按照"五净一规范"要求做好后勤和卫生工作。

三、由黄委人事局程迎春处长带队的督查组，每天巡回督查一线巡查人员值班轮岗、水尺观测、安全保障等情况。

四、市局成立纪检组长兰永杰为组长，邢天明、马吉星为组员的督导组，逐坝逐段落实市局安排部署的各项防汛任务。派驻一线的市局领导带队的工作组做好辖区督导工作，确保各项要求落地落实。

五、各县局加强与地方政府对接，确保按要求做到巡查人员到位、物资到位、设备到位；对地方巡查队伍责任和要求进行明确，落实市局提出的巡堤查险"五不准""五必须"要求和巡查队伍明白卡；每日将地方预置专业抢险力量的位置、人数、机械台数上报市局。

六、盘点石料储备和消耗情况，保证靠河工程料物充足，杜绝出现空白坝。

七、统计沁河滩区有哪些地方庄稼要抢收，地方是否有人组织抢收、在风险点看守。

八、防办按照徐雪红副主任要求，及时将补充材料提交督导组。

●10月9日下午，黄委副主任牛玉国到焦作蟒河入沁口、沁河入黄口查看河势工情等现场情况，指导防汛工作。

●10月9日，省防指下发《关于贯彻落实省领导批示精神 全力做好黄河秋汛洪水防御的通知》（豫防指电〔2021〕58号），结合近日王凯省长、武国定副省长批示精神，要求加强工程巡查防守、做好抢险料物补充、做好生产堤防守、做好迁安救护准备、加强督查检查等五方面工作。经上级调配，调拨国家防总办储备防汛铅丝网片1 000张至温县河务局。

●10月9日19时，河南河务局局长张群波主持召开第91次防汛会商视频会，听取省局水情组、工情组防汛通报及各市局除险加固进展与石料补充情况汇报，专题部署除险加固工作，要求加快除险加固进度、加快抢险料物补充、加大抢险力量预置和加强信息沟通共享。

●10月9日，焦作河务局向焦作军分区发送《关于提请预置焦作市黄（沁）河防御秋汛洪水抢险队伍的函》，落实秋汛防御部队支援能够预置的抢险队伍数量、机械设备型号和数量等信息。

10月10日 工程除险加固紧张有序进行

当前，黄河中下游正发生历史罕见的秋汛洪水过程，洪水量级大，持续时间长，焦作黄河防洪工程正承受极大考验，近期工程出险频繁（仅10月10日一天焦作黄沁河防洪工程发生各类险情42坝次）。为确保防洪工程安全，各县河务局加强河势观测和工程巡查，对重点防洪工程进一步加大除险加固力度。

一、开展河势查勘工作。结合一线巡查人员观测和无人机航拍情况，绘制河势图，与汛前河势查勘成果对比，重点分析河势变化情况。

二、及时采取除险加固措施。根据工程河势情况，对紧靠主溜和根石断面不足、缺石量较大的工程坝垛，制订处置措施，及时除险加固。

三、强化石料统筹。优先将堤防备石、不靠河工程和不靠河坝垛的备石调至靠溜坝垛进行除险加固；及时向地方政府申请补充石料，弥补除险加固消耗的备石。

四、加大铅丝笼占比。抛投铅丝笼比例按要求达到50%以上，并抛出水面；少抛散石，减少石料损失，保障防汛石料得到充分利用，提高工程抗冲能力。

五、严格程序管理。加强除险加固前、中、后的内业资料（包括各类申请、批复、报告、调度指令、统计表格等）和影像资料（视频和图片）的收集、整理以及完善，保证各种资料准确、翔实，杜绝弄虚作假，为后期各类审查、审计和项目申报提供资料支撑。

●10月10日，国家防总副总指挥、水利部部长李国英主持防汛会商，电话连线水利部前方工作组，再次会商部署黄河、汉江、漳卫河秋汛洪水和第17号、第18号台风强降雨防御工作。其中，关于黄河下游防洪防御，要求一是做好打持久战准备；二是严防死守；三是突出重点；四是落实人员撤离预案。

10日晚，李国英再次主持防汛专题会商会，传达贯彻李克强总理重要批示精神和胡春华副总理、王勇国务委员批示要求，进一步研究部署黄河秋汛防御工作。要求继续下足"绣花"功夫，做好"四预"文章，坚决打赢防秋汛这场硬仗。

●10月10日上午，黄委纪检组长孙高振一行，检查武陟沁河入黄口防汛情况，在西营村入滩便民桥通过无人机查看河势。河南河务局副局长刘同凯、焦作河务局局长李杲陪同检查。

●10月10日下午，省应急管理厅厅长吴忠华带队的省防汛督查组到武陟沁河入黄口、驾部控导工程检查防汛值守和河势工情，河南河务局副局长刘同凯陪同。

●10月10日，省防指黄河防办向省公安厅、交通运输厅发送《关于协调解决防汛物资运输车辆和大型抢险设备通行问题的函》，针对沿黄各地正紧急采运防汛石料、运输防汛铅丝、土工布、帐篷、发电机组等应急防汛物资和设备，函请沿途相关部门给予通行便利。

●10月10日17时，河南河务局局长张群波主持召开防汛会商视频会，对当前黄河秋汛洪水防御工作进行再安排再部署。强调各级务必树立底线思维，充分认识当前形势的极端复杂性和洪水防御的不确定性，立足于最不利情况，做最充分准备，坚持"守住为王"，责任再压实、防守再加力、巡查再严密、资料再完善、纪律再严明，坚决打赢本次秋汛洪水防御攻坚战。

●10月10日20时30分，焦作河务局局长李杲主持召开第21次防汛会商视频会，对全局防御黄沁河秋汛工作再要求再部署，特别强调要进一步压实巡堤巡坝查险工作。

10月11日　不松懈不轻视不大意　加强工程防守

焦作河务局各级按照10月10日晚市县局视频会商会精神，扎实做好工程防守各项工作，保障下一阶段工程安全运行。一是强化责任落实。二是强化力量预置。三是加大督查暗访力度。四是加强抢险后勤保障工作。五是加强抢险现场管理。六是除险加固工作严格按要求进行。

●10月11日，河南河务局转发黄委《关于做好工程防守有关要求的通知》，要求各单位发扬连续作战的优良作风，强化全面防守，突出工程薄弱部位防范，做好抢险料物供应，加强夜间照明布设和安全措施，做好后勤保障。同日，河南河务局分别向温县河务局、武陟第二河务局调拨500条、1000条吨袋保障工程抢险需要。

●10月11日，河南河务局原党组书记、局长王渭泾一行到温县大玉兰控导检查黄河防汛工作。

●10月11日18时30分，河南河务局局长张群波主持召开防汛会商视频会，分析研判汛情变化趋势，调度指挥河南黄河秋汛防御工作，要求坚守为民初心、坚定必胜信心、坚决守住工程、坚持纪律底线，发扬艰苦奋斗、连续作战的优良作风，决战决胜秋汛防御这场硬仗。

10月12日　强化监督检查　助力防汛工作

黄河秋汛以来，各级督查组紧紧围绕省防指4号指挥长令、53号文电和115号文电要求，深入沿黄各地强化督查，压紧压实各级单位部门防汛责任，确保防汛工作落实到位，全力保障人民群众的生命财产安全。

●10月12日，水利部防汛督导组毕生副处长一行到武陟驾部控导工程督导检查防汛工作。省防指第一督查组检查了武陟黄河老田庵控导、驾部控导工程防汛情况，督查了武陟县詹店镇、大封镇属地主体责任落实情况。河南河务局局长张群波到武陟老田庵控导工程检查指导防汛工作并慰问值守人员。

●10月12日20时15分，河南河务局局长张群波主持召开防汛会商视频会，听取各市局工作汇报，进一步安排部署秋汛洪水防御工作，他强调，当前黄河秋汛防御已经到了决战的最关键、最紧要时期，今后一段时间要做到"四个坚持"（坚持思想不松、坚持目标不变、坚持标准不降、坚持力度不减）、"四个更加"（决心更加坚定、责任更加压实、措施更加务实、纪律更加严明），坚决打赢黄河秋汛防御这场硬仗。

●10月11~12日，焦作市纪委常委李振华、王勇分别赴温县、孟州督察黄河防汛工作。

●10月12日21时40分，焦作河务局局长李杲主持召开第22次防汛会商视频会，贯彻落实河南河务局防汛会商会精神，对下一步工作进行再安排再部署。同日，焦作河务局在所辖防洪工程完成安设夜视视频摄像头10个，可在一线班组值班室直接读取水尺数据，并观测到工程概貌，确保雨天、夜间水尺观测人员安全。

10月13日　坚决守住最后一段汛险期

10月13日，武国定副省长在《河南黄河秋汛督察通报》（第6期）上做出批示：当前黄河防汛到了最关键的时期，请沿黄各市务必更加重视，要做到巡堤查险不松懈、防汛料物不断档、省暗访督查不间断，坚决守住最后一段汛险期，努力夺取今年黄河防汛的全面胜利。

●10月13日，黄委下发《关于进一步加强黄河下游河道防守的通知》，要求进一步调配防守力量，发挥不怕疲劳、连续作战的伟大抗洪精神，全面加强河道工程和滩区生产堤的防守，进一步明确防守工作重点和排查风险隐患，严格落实各级工作组、督导组发现问题及提出工作建议的整改落实，备足防汛料物，做好打持久战的准备。

●10月13日19时，河南河务局党组书记司毅铭主持召开第95次防汛会商会。

会议听取了六市局关于巡堤查险、石料采运、除险加固、政府支持等重点工作的情况汇报，以及河南河务局各职能组近期工作总结，对河南黄河秋汛洪水防御工作进行再部署再落实，强调要坚持不懈地做好黄河秋汛防御各项工作。

●10月13日，市防指黄河防办向沿黄县（市）防指转发省防指黄河防办《关于贯彻落实王凯省长批示精神 全力做好当前黄河秋汛防御工作的通知》和《关于贯彻落实武国定副省长批示精神 全力做好黄河秋汛防御工作的通知》，传达贯彻省领导近期批示，安排部署黄河秋汛洪水各项防御措施。

●连日来，沿黄（沁）各县河务部门认真落实省防指58号文电要求，及时盘查物资消耗情况，积极对接地方政府加快石料、铅丝补充进度。

10月14日　黄河防汛工作再安排再部署

10月14日晚，省防汛抗旱指挥部召开黄河防汛视频会议，传达省委、省政府主要领导要求，分析研判黄河防汛形势，对黄河秋汛防御工作进行再安排再部署。

副省长武国定主持会议并讲话。他强调，黄河高水位运行已达18天，还将持续10天左右，黄河防汛进入最关键阶段。要进一步强化防汛责任，坚决消除麻痹厌战思想，守住不死人、不垮坝、不漫滩底线；要进一步强化巡堤查险，严格落实巡查和抢险责任，持续开展24小时不间断巡查；要进一步强化料物补充，尽快补齐除险加固料物，对石料开采、沿途车辆运输通行提供便利；要进一步强化险情抢护，上足抢险队伍、抢险物资和机械设备，全力做好抢大险各项准备；要进一步强化生产堤防守，加高加固薄弱堤段，确保生产堤不决口；要进一步强化应急值守，坚持守土有责、守土尽责，坚决打赢黄河秋汛洪水防御攻坚战。

●10月14日，武国定副省长在《河南黄河秋汛督察通报》（第7期）上做出批示：请沿黄各市协调解决好抢险用石料开采、运输等问题，保证防汛照明用电。要注意巡堤守护人员的安全。

●10月13日下午至14日上午，黄委副主任徐雪红带队的工作组到武陟、博爱辖段督导检查黄沁河防汛工作。14日，黄委纪检组副组长杨胜联合省水利厅到温县、武陟检查黄河防汛工作；河南河务局副局长刘同凯带队的工作组到武陟驾部控导、老田庵控导、花坡堤险工查看河势工情及除险加固工作开展情况，并慰问黄委机关下沉干部。

●10月14日，黄委下发《关于持续加强河道工程防守的通知》，要求相关单位

日志

225

难忘的2021年汛期
——焦作黄沁河2021年罕见长汛实录

加强抢险石料补充工作、继续对易出险部位进行加固和加强涉水安全管理。

● 10月14日，省政府气象灾害防御指挥部下发《关于做好近期大风降温天气防范工作的通知》，提醒各地区和部门提前做好有针对性的防范应对准备工作。

● 10月14日22时，河南河务局党组书记司毅铭主持召开紧急防汛会商视频会，传达贯彻武国定副省长当天在省黄河防汛视频会议上的讲话精神，从思想重视不松懈、工程巡查不放松、料物补充要加快、险情抢护要及时、生产堤防守再加强、工作方式方法再提高、各职能组运行再理顺等七个方面，安排部署下一步秋汛洪水防御工作。

● 10月14日22时50分，焦作河务局局长李杲主持召开第23次防汛会商视频会，贯彻落实全省防汛会商会议和河南河务局防汛会商会议精神，安排部署当前防汛重点工作。

10月15日　全力保障寒潮期间巡查防守人员安全

根据省政府气象灾害防御指挥部10月15日下发的《关于启动重大气象灾害（寒潮）Ⅳ级应急响应的命令》，受强冷空气影响，预计10月15日夜里至17日，我省将有一次大范围大风、降温、寒潮天气过程，17日凌晨北中部大部分地区最低温度降至2~4摄氏度。要求各成员单位按照预案分工，切实做好寒潮大风降温应急处置各项工作。

10月15日，武国定副省长在《河南黄河秋汛督察通报》（第9期）上做出批示：寒潮降至，请沿黄各市县要为巡堤查险人员配发御寒服装，并确保群防人员能吃上热饭、喝上热水。同时，要补足抢险石料，缺多少补多少，决不能因备料不足影响抢险。

10月9~16日河南河务局先后为一线职工发放了羽绒服和军大衣，切实解决基层一线职工的急需，让抗洪一线的干部职工在前方"战场"上时刻感受到组织的温暖。

按照10月14日晚焦作河务局会商会议部署，局属各河务局进一步做好一线巡查防守人员的安全生产、防寒措施和后勤保障。落实救生衣、反光背心、防护手套、安全帽等防护措施；在每处控导工程各配备1辆公交车、1辆救护车和1名应急救援人员；同时督促各值守点按照"吃好、睡够、穿暖"的要求，为各守险点添置棉衣、棉被、毛毯、热水等御寒用品。

10月16日　全面贯彻落实李克强总理重要批示坚决打赢黄河防秋汛这场硬仗

10月13日，李克强总理对黄河防秋汛工作做出重要批示，要求做好水利工程调度工作，确保黄河下游安全度秋汛。李国英部长要求：落实李克强总理关于"确保黄河下游安全度秋汛"的重要批示，不松懈、不轻视、不大意，及时精准掌握情况，全力以赴做细做实做好黄河下游防秋汛工作，坚决打赢这场硬仗。10月14日黄委汪安南主任要求：坚决贯彻李克强总理的重要批示，坚决按照李国英部长的要求，坚决打赢这场硬仗。

10月15~16日，省市河务局逐级转发黄委《全面贯彻落实李克强总理重要批示坚决打赢黄河防秋汛这场硬仗》的通知，要求各单位和部门全面贯彻落实李克强总理批示精神，按照水利部李国英部长的要求和黄委汪安南主任的部署，坚决克服麻痹思想和松懈情绪，咬紧牙关不放松，坚守阵地不退却，全力打赢黄河防秋汛这场硬仗。一要进一步提高政治站位。二要加强会商研判。三要加强工程巡查防守。四要做好长期作战准备。

●10月16日，河南河务局二级巡视员何平安带领工作组进驻焦作，检查指导黄河秋汛防御工作。

●10月16日，河南河务局向局属各河务局转发《河南省防汛抗旱指挥部办公室关于印发武国定副省长在全省黄河防汛视频会议上讲话的通知》，要求结合实际认真贯彻落实武国定副省长10月14日会议讲话。

10月17日　第一时间学习李国英部长检查黄河防汛讲话精神

10月17日19时，河南河务局党组书记司毅铭主持召开全局防汛会商视频会议，传达16日晚国家防总副总指挥、水利部部长李国英，副省长武国定在检查开封黄河秋汛防御工作座谈会上的讲话精神，以及17日上午副省长武国定在省重点时段重点领域安全生产电视电话会议上的讲话精神，听取各市局秋汛防御工作汇报，安排部署下一步秋汛洪水防御工作。会后，下发《关于李国英部长在检查河南黄河秋汛防御工作座谈会上的讲话精神的贯彻落实意见》，对具体贯彻落实提出要求。

10月17日21时，焦作河务局局长李杲主持召开第24次防汛会商视频会议，带领市县局机关及一线干部职工学习李国英部长检查黄河防汛工作座谈会讲话精神，贯彻落实河南河务局防汛会商会精神，安排部署下阶段工作。强调认真学习李国英部长讲话精神，从六个方面（认清形势、应对退水期险情、找准防守重点、预置抢险力量、防守人员安全、总结经验）加强防守。特别关注防汛技术短板，加大防汛技术业务的培训，促进抢险业务能力提升。深入开展"五查—反思—总结"，防汛、供水、财务、经济等部门，都要认真总结反思自查，解放思想，勇于担当，推进各个环节、领域提质增效。

●10月16日夜至17日凌晨，省防指副指挥长、应急管理厅厅长吴忠华一行，采用"四不两直"方式，到焦作市温县、孟州、武陟等地实地夜查黄河防汛工作。暗访检查发现，焦作沿黄各地党委政府高度重视黄河防汛工作，各级防汛责任人深入一线巡查值守，应急、河务等部门人员在岗在位，主要险工段物料充足，各项防汛措施落实到位。

吴忠华在暗访检查时表示，各地各部门要牢固树立一盘棋思想，要按照"政府领导、应急统筹、河务支撑、部门协同、群防群控"的黄河抢险机制，快速进行抢护，坚决实现控导工程不垮塌、生产堤不决口、滩区不漫滩、人员不死亡的目标。

10月18日　省防指明确防汛相关工作

10月18日，省防指下发《关于明确防汛相关工作的通知》，鉴于我省近期没有较大降雨过程，除黄河流域外，其他流域河道水位均在警戒水位以下、水库水势平稳，经会商研判，将防汛工作有关事项进行明确：一、调整应急响应。沿黄各地市继续维持省级防汛Ⅳ级应急响应和黄河防汛Ⅲ级应急响应。10月18日8时，其他地市终止省级防汛Ⅳ级应急响应。二、做好值班值守。省防指成员单位及沿黄各地市防汛值班时间延长至黄河防汛应急响应结束，具体时间另行通知。其他省辖市原则上可停止24小时防汛值班状态。三、强化信息报送。各省辖市、济源示范区继续坚持每日18:00零报告制度，洛阳、三门峡市及济源示范区继续坚持每日18:00小浪底库区安全防范报告制度。遇防汛突发情况第一时间上报。

●10月18日，武国定副省长在《河南黄河秋汛督察通报》（第11期）上做出批示：现在黄河防汛进入最关键时期，请沿黄市县务必备足石料，务必保证通信畅通，务必预置足够力量。

●10月18日，黄委下发《关于进一步加强河道工程巡查防守的通知》，针对当前黄河下游河道4 800立方米每秒量级洪水已经持续较长时间，为确保河道工程安全，要求加强全面防守、突出防御重点、主动实施抢险和备足抢险料物。

●10月18日21时许，河南河务局副局长王晓东主持召开防汛会商视频会，贯彻落实黄委视频会商会议精神，对下一步秋汛洪水防御工作进行安排部署。

10月19日　沁河防守力量有序向黄河转移

目前，沁河洪水已回落至350立方米每秒以下，水流基本回归主槽，另据气象预测，近期沁河流域无较强降雨过程，我市沁河防汛形势整体趋缓。但由于河口村水库仍按300立方米每秒泄洪，防洪工程7月以来长时间受较大洪水冲刷、浸泡，几处畸形河势不同程度发展，工程较大重大险情发生概率依然较大，经会商研判，10月19日，焦作市防指向沿沁县（市）防指下发《关于做好沁河防汛相关工作的通知》，对沁河防汛下一步工作进行明确。

一、巡堤（坝）查险。沁河巡堤（坝）查险工作转入正常运行观测机制，由河务部门专业人员按规定开展巡查，发现险情及时报告处置。

二、抢险设备和队伍。仍按《关于明确沁河巡查防守有关要求的通知》（焦黄防办电〔2021〕104号）要求执行，每处靠河工程预置不少于1台大型抢险设备，专业抢险队伍、消防救援队伍随时待命。

三、抢险料物补充。按省、市领导指示精神和各级防指决策部署，加大前期抢险、加固消耗石料、铅丝等物料采运力度，尽快补充到位，杜绝靠河工程"空白坝"现象，确保抢险需要。

四、清滩工作。严格清滩和交通管制措施，在重点上堤和入滩路口设置卡点，及时劝离游玩、钓鱼等涉水人员，确保沿河群众生命安全。

通知下达后，各县（市）防指有组织有计划将沁河巡查防守力量向黄河转移，对黄河巡查人员进行轮换，保证充沛体力、战斗力，确保黄河工程巡查不留空当。

●10月19日下午，黄河防总副总指挥、副省长武国定主持召开省防汛应急预案修订会，强调"两个坚持""三个转变""四预"，要求做好今年秋汛防御的总结工作。河南河务局副局长王晓东参加会议。

●10月19日，省防指向沿黄各地市防指下发《关于补充黄河秋汛防御石料的紧急通知》，要求10月25日前完成新增抢险石料补充任务。

●10月19日，河南河务局向局属各河务局发送《关于进一步加强落水期重点工程防守的通知》，要求提前预判，突出防御重点；提前部署，制订退水期重点工程防守方案；加强人员配置，对重点工程重点部位实行全天蹲守。

●10月19日19时，河南河务局党组书记司毅铭主持召开防汛会商视频会，听取各职能组工作开展情况汇报，安排退水期各项防御工作。

●10月19日晚，焦作河务局局长李杲随即召开第25次防汛会商视频会，贯彻落实河南河务局会商会精神，对下阶段工作进行安排部署。

10月20日　黄河洪水今日进入退水期

根据黄委调度安排，10月20日4时小浪底水库水位降至270米，之后逐步压减小浪底水库下泄流量，按照洪水传播时间，预计23日我省黄河全段流量可降至4 000立方米每秒以下，之后2 600立方米每秒左右流量维持至25日前后。以此，自10月20日起，黄河正式进入退水期。

10月20日，根据黄委《关于加强洪水期间河势工情监测分析的通知》、省防指《关于做好退水期黄河秋汛防御工作的紧急通知》和河南河务局《关于做好落水期重点工程的重点坝垛蹲查防守的通知》，焦作河务局结合实际向局属各河务局下发《关于做好退水期黄河秋汛防御工作的通知》，从工程巡查、险情排查与研判、险情抢护、石料采运、防守人员及滩区安全管理等方面，对退水期巡查防守措施进行详细安排部署。

●10月20日，黄委建设局局长李建培先后到孟州、武陟辖区黄河控导工程检查指导黄河秋汛防御工作。

10月21日　无人机航拍助力河道监测

按照焦作河务局《关于做好退水期黄河秋汛防御工作的通知》，局属各河务局利用无人机加强退水期河道监测。黄河秋汛期间，焦作河务局在黄沁河沿线共启用15台红外线无人机航拍进行河道监测，充分发挥"天眼"效应，既有效延伸巡查观测视线，弥补人工观测的盲点和疑难点，也增加了河道监测的精准性。"观测眼"，配合做好河势工情观测，及时发现险情和滩岸坍塌，发现出险部位，助力工程除险加固。"预测眼"，大洪水期间查看河势变化情况及河道内建设项目等对洪水的影响情况，分析河势演变规律，提前为工程防守方案制定和受洪水威胁低洼地带群众的转移做好参谋作用。"责任眼"，助力防汛指挥的统筹协调，通过无人机排查，对风险点建立台账，对标对点明确责任。"监督眼"，协助河道巡查人员精准、快速发现涉水领域安全问题，进行严厉整治，确保度汛安全，确保人民群众的生命和财产安全。

●10月21日，省长、省总河长、黄河防汛抗旱指挥部总指挥长王凯到开封市兰考县检查指导黄河防汛工作，强调要进一步压紧压实责任，落实落细措施，毫不松懈、积极主动打好落水期防御工作硬仗，确保黄河安澜和人民群众生命财产安全。

10月22日　黄河水退　防汛干劲不退

10月22日8时，黄河花园口流量回落至3300立方米每秒。黄河河道工程经历了长历时大流量冲刷，退水期工程出险概率增加、易发多发险情。焦作河务局认真贯彻落实各级领导的工作部署，切实筑牢思想防线，咬紧牙关不放松，坚守阵地不退却，力保大河安澜。一是强化工程巡查。在前期落实1∶3巡查力量不变的基础上，对重点易出险坝垛增加人员进行24小时蹲查，确保险情第一时间发现。二是强化险情排查研判。三是强化险情抢护。四是强化保障人员安全。

●10月22日，黄委副主任徐雪红一行，深入武陟五车口管理班及驾部控导工程一线，对当前防汛工作进行检查，并对退水期防汛工作进行再部署，强调要进一步鼓足干劲，咬紧牙关，振奋力量，坚决打赢黄河秋汛洪水防御关键仗。

●10月22日，河南河务局向局属各河务局转发黄委《关于切实做好黄河下游退水期防洪工程巡查防守工作的通知》，强调退水期洪水防御、巡查防守和抢险工作。

●各级督查组对秋汛防御工作明察暗访，拉网式、巡回式全覆盖监督检查。焦作河务局驻一线工作组紧扣防汛责任和工作纪律，盯紧重点部位和薄弱环节监督检查，现场反馈问题和整改意见，督促相关单位落实整改，采取跟进式、回头式方式，及时消除安全隐患，确保度汛安全。

10月23日　提前部署开展黄河秋汛洪水防御总结工作

为认真总结此次秋汛洪水防御过程、取得的经验、暴露的问题及解决建议，有效指导今后防汛工作。10月23日，河南河务局向局属各河务局、局直有关单位、机关各职能组下发《关于上报2021年黄河秋汛洪水防御工作总结的通知》，对秋汛洪水防御工作总结提前安排部署。

焦作河务局及时将通知转发局属各河务局、机关各部门，要求各河务局高度重视此次秋汛洪水防御总结工作，认真梳理，从基本情况、采取措施、取得经验、问题建议等方面进行总结归纳；各工作组和机关各职能组结合工作实际和责任分工，进行总结经验、查摆问题及解决建议；机关下沉人员结合巡堤查险工作及下沉期间所见所感进行总结。各单位各部门在找问题时要客观，要在班组管理、抢险实战、职能组运行、下沉工作安排、与防指会商协调、防汛人员料物设备保障等方面认真查摆，提炼亮点、查漏补缺，将先进经验总结为可复制可推广的规范性意见。

●10月22~23日，河南河务局二级巡视员何平安到孟州查看黄河控导工程河势工情，并检查重点坝人员蹲查防守情况。

10月24日　巡查防守、水毁修复两手抓

10月24日，焦作辖区黄河洪水已回落至2 000立方米每秒以下，黄河防汛形势整体趋缓，河势较平稳，但是受前期长历时、大流量洪水冲刷，防洪工程坝前水深变深，根基不稳，仍有发生险情的危险。焦作河务局根据当前防汛形势，坚持"巡查防守、水毁修复"两手抓。一是持续做好工程巡查防守。二是抓好工程水毁修复。三是严格24小时带班值班制度。

●10月24日，武国定副省长在《河南黄河秋汛督察通报》（第18期）上做出批示：请沿黄各市县毫不放松地抓好黄河退水期的安全防控工作。要持续抓好巡堤值守，持续抓好抢险加固，持续抓好石料补充，持续加强堤防安全管理，确保万无一失，努力夺取最后胜利。

10月25日　巡堤（坝）查险工作转入正常运行观测机制

10月25日，焦作市防指向沿黄沁各县（市）防指下发《关于做好黄（沁）河防汛相关工作的通知》，自10月25日8时起，黄（沁）河巡堤（坝）查险工作转入正常运行观测机制，由河务部门专业人员按规定开展巡查，发现险情及时报告处置；各县（市）继续做好防溺亡工作，沿河乡镇做好入滩路口卡点值守工作，及时劝离游玩、钓鱼等涉水人员，确保沿河群众生命安全。

市防指办向沿黄沁各县（市）防指、市防指各成员单位转发《关于贯彻落实武国定副省长批示 全力做好退水期黄河防汛工作的通知》，对退水期黄河防汛工作进行再强调、再部署。

10月26日　省防指终止省级防汛应急响应

10月26日，省防指向各省辖市、济源示范区防指，省防指各成员单位下发《关于终止防汛应急响应的通知》，从10月26日18时起，终止我省省级防汛Ⅳ级和黄河防汛Ⅲ级应急响应。

●焦作河务局按照河南河务局10月25日下发的《关于上报黄河重点工程继续防守方案的通知》要求，认真研判现阶段正在出险和易出险的重点工程，制订上报响应机制结束后重点工程继续防守的方案。

10月27日　黄委终止黄河中下游水旱灾害防御Ⅳ级应急响应

当前黄河中下游河道流量全线回落至2 000立方米每秒以下，汛情整体趋于平稳，按照《黄河水旱灾害防御应急预案(试行)》规定，黄委经研究决定，于10月27日12时终止黄河中下游水旱灾害防御Ⅳ级应急响应。同时要求各级河务部门继续做好工程巡查和险情抢护等工作，确保黄河安全度汛。

●10月27日，省防指黄河防办向沿黄各地市防指发送《关于终止防汛应急响应后防汛力量撤离的通知》，要求各级防指结合辖区黄河防汛实际，安全、有序撤离防汛力量。

●10月27日，河南河务局向局属各河务局、局直有关单位转发黄委《关于终止黄河中下游水旱灾害防御Ⅳ级应急响应的通知》，要求各级各单位做好工程巡查防守、险情抢护、安全管理、值班值守和信息报送等工作，确保河南黄河安全度汛。

●10月27日，焦作河务局部署后汛期防汛工作，要求各单位各部门对防汛会商机制运行、洪水演进过程、河势发展变化、工程抗洪能力、出险报险抢险、职能部门协调联动等各方面，进行认真总结，查找不足、总结经验，以便下步更好地开展防汛工作；在做好后汛期防汛的同时，提早开展防凌准备工作，保证防汛与防凌工作无缝衔接。

续：10月29日18时，焦作河务局结束全员岗位运行机制，转入正常防汛值守状态。10月30日8时起，焦作市防指终止市级防汛Ⅲ级应急响应。